ACCOUNTING
an introduction

第七版

會計學概要

杜榮瑞　薛富井　蔡彥卿　林修葳

IFRS　　習題解答

東華書局

目　錄

第 一 章　企業與會計 1

第 二 章　從會計恆等式到財務報表 7

第 三 章　借貸法則、分錄與過帳 15

第 四 章　調整分錄、結帳分錄與會計循環 55

第 五 章　買賣業會計與存貨會計處理──永續盤存制 91

第 六 章　存　貨 115

第 七 章　現金與應收款項 123

第 八 章　不動產、廠房及設備與遞耗資產 129

第 九 章　負　債 135

第 十 章　無形資產、投資性不動產、生物資產與農產品 142

第十一章　權　益 149

第十二章　投　資 157

第十三章　現金流量表 176

Chapter 1　企業與會計

【問答題】

1. 企業的利害關係人包括股東、經理人、政府、審計人員、供應商、顧客、員工與債權人。

2. 企業的財務報表多由經理人編製,而財務報表反映著企業之經營成果與財務狀況。然而,公司的其他利害關係人無法確定,經理人為求自身利益,是否忠實地將公司經營現狀反映在財務報表上呢?為求降低這層疑慮,企業經理人會聘請外部審計人員(會計師),針對經理人編製的財務報表加以查核,以消弭其他利害關係人對於財務報表是否允當表達之顧慮。

3. 投資人(或股東)將積蓄投資在股票上,對於所投資的股票所圖的不外乎股利與剩餘利益請求權。前者係指透過股利的發放,股東可以獲配因企業經營有成而得到的利潤;後者係指,在公司解散或清算後,股東仍可透過適當的法定程序,依持股(份)比例,參與公司剩餘價值的分配。

4. 會計的功能有:
   (1) 衡量與記錄每位利害關係人對企業的投入或貢獻,
   (2) 衡量與記錄每位利害關係人對企業的請求權,
   (3) 協助企業經理人從事各生產要素的配置決策與控制,
   (4) 溝通上述資訊,促進各生產要素在市場的流動,與
   (5) 協助維持各利害關係人間的平衡或控制狀態。

5. 美國會計學會對會計所做的定義如下:「會計乃是針對經濟資料的辨認、衡量與溝通之過程,以協助資訊使用者作審慎的判斷與決策。」

6. 會計提供的功能包括：
   (1) 衡量與記錄每位利害關係人對企業的投入或貢獻。
   (2) 衡量與記錄每位利害關係人對企業的請求權。
   (3) 協助企業經理人從事各生產要素的配置決策與控制。
   (4) 溝通上述資訊，促進各生產要素在市場的流動。
   (5) 協助維持各利害關係人間的平衡或控制狀態。

   其中第一項與第二項提到的會計功能較注重每個利害關係人的盡責程度及請求權。由於經理人對於企業的經營負有責任，透過財務報表，其他的利害關係人，尤其是股東，得以評估與監視經理人的績效，並進而決定給予經理人的獎酬，或是否留任經理人。這種財務報表的功能或角色，稱之為「家管」（stewardship）。

7. 會計提供的功能包括：
   (1) 衡量與記錄每位利害關係人對企業的投入或貢獻。
   (2) 衡量與記錄每位利害關係人對企業的請求權。
   (3) 協助企業經理人從事各生產要素的配置決策與控制。
   (4) 溝通上述資訊，促進各生產要素在市場的流動。
   (5) 協助維持各利害關係人間的平衡或控制狀態。

   上述第四與第五項提到的會計功能則注重既有的利害關係人與潛在的利害關係人藉由財務報表評估企業的價值，進一步作成決策，包括繼續持有或出售原有投資或債權。這種財務報表的功能或角色稱為評價（valuation）。

8. 美國管理會計人員協會所訂的最高倫理原則包括：誠實、公正、客觀及負責。

9. 實務上常提到的財務報表有：
   (1) 資產負債表
   (2) 綜合損益表
   (3) 權益變動表
   (4) 現金流量表

10. 會計假設有：
    (1) 企業個體假設
    (2) 繼續經營假設
    (3) 貨幣單位衡量假設
    (4) 幣值不變假設
    (5) 會計期間假設

11. 若會計基礎採用現金基礎，則所有營業活動的收入與費用認列與否，端視企業是否收付現金而定。反之，應計（權責發生）基礎則強調交易及其他事項之影響應於發生時予以辨認、記錄與報導。

12. 一般公認會計原則係指由權威團體所訂定發布，而為大家遵守的會計處理方式，包括認列、衡量、表達以及揭露方式之規定。

13. 相對於原則式準則，規則式準則較多細節規定、較為繁複、較多釋例與指引，也較多「界線」規定。規則式準則的好處是明確以及裁決空間較小，但它的缺點則是複雜，而且可能引導企業經理人規避對企業「不利」的會計處理。原則式準則不會有許多的釋例以及界線規定，因此在原則式準則下，會計人員與會計師，甚至主管機關皆應善用專業判斷並充實專業知識。IFRS 被認為是傾向原則式，而美國的 GAAP 則為規則式的準則。

14. 綜合損益表所包括的要素為收入、利益、費用與損失，這些要素的金額相加、減後，即為淨利（或淨損），代表某段期間的經營績效。若企業購買某些股票並不作為交易目的，可選擇將該投資列於「透過其他綜合損益按公允價值衡量之金融資產」，在期末時將這些投資的金額調到公允價值，但這個價差不得承認為當期利益（或損失），而應作為當期的其他綜合損益（other comprehensive income）的一部分。如果編製的損益表只包含當期損益，即為損益表；如果編製的損益表為綜合損益表，則尚須包含當期的其他綜合損益。當期損益與當期其他綜合損益的合計數即為當期的綜合損益（comprehensive income）。

【選擇題】

1. (D)　　　　2. (C)
3. (B)　800萬股 × 面額（每股10元）= 8,000萬元
4. (A)　1,000萬元 × 利率5% = 50萬元（每年付息金額）
5. (D)　　　　6. (A)　　　　7. (D)　　　　8. (D)
9. (C)　　　10. (C)　　　11. (A)　　　12. (B)
13. (A)　　　14. (C)　　　15. (D)　　　16. (D)
17. (B)
18. (B)　選項 (A) 應該為「某一期間」（而非「某一時點」）才屬正確
　　　　選項 (C) 應該為「重大性原則」（而非「會計期間假設」）才屬正確

選項 (D) 應該為「應計（權責發生）基礎」（而非「現金基礎」）才屬正確

19. (C)

20. (B)　現金流量淨額增加900萬元
　　　　＝600萬元（營業活動現金流量淨增加）－1,000萬元（投資活動現金流量淨減少）＋？（籌資活動現金流量淨增加）　籌資活動現金流量淨增加＝1,300萬元

21. (B)　　　22. (C)　　　23. (B)　　　24. (A)

【應用問題】

1. 根據公開資訊觀測站所揭示之資訊（均以民國108年度母公司財報之年報為準），
   統一超商民國108年之營業額＝$2,585（億元）
   全家便利商店民國108年之營業額＝$777（億元）

2. 見證券交易法第20條、第20-1條、第37條、第174條及第178條。

3. (1) 喬治期待自銀行得到消費金額方面的資金融通。
   (2) 銀行期待自喬治得到利息收入。
   (3) 當喬治不按期支付利息，或銀行要求過高的利率時。

4. 卡神刷中國信託信用卡消費後，有權向中國信託要求以消費累積的紅利兌換物品，中國信託的會計人員依刷卡消費數與過去經驗估列物品費用，除了衡量並記錄卡神對中國信託的物品兌換請求權外，這些費用的資訊可協助中國信託的經理人進行決策，也可讓中國信託的股東與債權人了解相關的營業成本。

5. 若以該年度股票收盤價計算，經理人的員工分紅金額總數為
   30（人）×30（張）×1,000（股）×180（元）＝162,000,000（元）

6. (1) 由於發行公司定期於每年1月1日與7月1日支付債權人利息，故依林志伶所持有之面額計算，可獲得
   　　70萬 × 5% × 6/12 ＝ 17,500（元）
   (2) 由於林志伶購買該債券之日期為3月1日，故至7月1日止，實際持有期間僅4個月，因此實際的利息收入為
   　　70萬 × 5% × 4/12 ＝ 11,667（元）

7. 就這個例子言，同樣金額與同樣期間，不同理財標的的報酬不同，且以投資股票較高；但一般而言，投資股票的風險較定期存款為高。
   本例中的利率＝8,000 ÷ 1,000,000 ＝ 0.8%

殖利率 = 40,000 ÷ 1,000,000 = 4%

8. (1) 非現金資產總金額 = 65 + 80 = 145 (萬元)
   (2) 現金金額 = 150 × 2 − (65 + 80 + 12) + (20 × 2) + 150 = 333 (萬元)
   (3) 權益金額 = 150 + 150 − 12 + (20 × 2) = 328 (萬元)

9. (1) 按照現金基礎，鑫月刊社於收到現金時，除了記錄現金增加 $2,200 外，也認列銷貨收入 $2,200，儘管並未寄達任何一期的雜誌。
   (2) 按照權責發生基礎，鑫月刊社所收到的 $2,200 為預收款，表示鑫月刊社於未來有交付 12 期雜誌之義務，因此，除了記載現金增加 $2,200，也應認列一筆負債 (用「預收貨款」表示) $2,200。

10. ×6 年創建的現金流量淨額
    營業活動現金流入 − 投資活動現金流出 + 籌資活動現金流入
    = $6,084,785 − $5,937,151 + $2,492,643
    = $2,640,277 (千元)

11. 弘基公司×3 年淨利 = 收益總額 − 費損總額
    = $324,649,378 − $311,690,445
    = $12,958,933 (千元)

12. 根據 http://investor.alphabet.com/ 網頁中，Alphabet 2020 年財務報表，可知：
    2020 年 12 月 31 日 Alphabet 之資產總額 = $319,616 (百萬美元)
    權益總額 = $222,544 (百萬美元)

13. 2020 年 12 月 31 日 Alphabet 之資產總額：$319,616
    權益總額：−222,544
    2020 年 12 月 31 日 負債總額 $ 97,072 (百萬美元)

14. 資產：$153,821,598 (千元)
    負債：$27,427,687 (千元)
    權益總額：$126,393,911 (千元)
    淨利：28,263,082 (千元)
    營業活動現金流量：25,629,710 (千元)

15. 資產：$159,316 (百萬美元)
    權益：$128,290 (百萬美元)

16. 負債：$31,026 (百萬美元)

17. 因為按照歷史成本該土地金額為 1,000 萬元，在幣值不變假設下，一直按 1,000 萬元列帳。

18. 慧喬以為美玲已 75 歲，擔心長春食堂無法繼續經營。但是會計的環境假設之一乃是繼續經營，所以慧喬不應擔心企業何時被清算，而是假設企業會繼續經營下去，按 210 萬元入帳才是。

Chapter 2 從會計恆等式到財務報表

【問答題】

1. 資產 ＝ 負債 ＋ 權益（或：資產 － 負債 ＝ 權益）

2. 收入減費用

3. 本期股東投資 ＋ 收益 － 費損

4. 綜合損益表、權益變動表、資產負債表

5. 綜合損益表的「本期淨利」（或「本期淨損」）與資產負債表的「保留盈餘」有密切關聯，若是獲有淨利的話，前者將使後者的餘額增加；反之，若蒙受損失將使保留盈餘的餘額減少。

6. 當企業在一會計期間獲利時，會增加保留盈餘；反之則減少保留盈餘。另外，若在該期間，企業決定發放股利，會使得保留盈餘的餘額變少。

【選擇題】

1. (C)	2. (D)	3. (A)	4. (B)
5. (B)	6. (B)	7. (B)	8. (A)
9. (C)	10. (A)	11. (B)	12. (C)

【練習題】

1. 公司已支付現金購買電腦設備,因此公司未來並無支付現金之義務,所以不計入負債項目。

2. 公司之現金不變,公司之總資產增加 $20,000,公司之應付帳款增加 $20,000,而公司之總負債增加 $20,000。

3. 原積欠電腦公司 $100,000 中,還款 $70,000,表示動畫設計公司資產中現金減少 $70,000,但同時負債(欠電腦公司的錢)也減少 $70,000。

4. 公司之現金增加 $10,000,公司之應收帳款增加 $40,000,公司之總資產增加 $50,000,公司之權益增加 $50,000。

5. (1) 編製「試算表」;(2) 試算表中之收益與費損的金額可用以編製「綜合損益表」;(3) 綜合損益表計算而得的本期損益可將試算表改編為「結算損益後試算表」;(4) 利用結算損益後試算表中的期初權益、本期股東投資與本期損益等三個數字,編製「權益變動表」;(5) 以期末資產等於期末負債加上期末權益的方式,編製「資產負債表」。

6.
   (1) 甲企業
      ◆ ×1/12/31 之權益金額 = $98,000 − $27,000 = $71,000。
      ◆ ×2/12/31 之權益金額 = $71,000 + $11,000 + $9,500 = $91,500。
      ◆ ×2/12/31 之負債金額 = $101,000 − $91,500 = $9,500。

   (2) 乙企業
      ◆ ×1/12/31 之權益金額 = $50,000 − $11,500 = $38,500。
      ◆ ×2/12/31 之權益金額 = $65,000 − $16,500 = $48,500。
      ◆ ×2 年度之淨利金額 = $48,500 − $38,500 − $4,500 = $5,500。

   (3) 丙企業
      ◆ ×2/12/31 之資產金額
      = [($72,000 − $21,000) + ($5,000 + $11,750)] + $33,000
      = $100,750。

   (4) 丁企業
      ◆ ×2 年中之股東投資金額
      = ($145,000 − $34,000) − ($131,000 − $75,000) − $17,000
      = $38,000。

(5) 戊企業
- ◆×1/12/31 之負債金額
  = $109,000 − [($120,000 − $60,000) − ($6,500 +$20,000)]
  = $75,500。

【應用問題】

1.

(1) 年初負債總額 = $64,000 − $42,000 = $22,000
年底權益 = ($64,000 + $250,000) − $30,000 = $284,000

(2) 年底資產總額 = $42,000 + $38,000 = $80,000
年初資產總額 = $80,000 − $7,000 = $73,000
年初權益 = $73,000 − ($42,000 + $9,000) = $22,000

(3) ×1年底權益 = $680,000 − $200,000 = $480,000
×1年中權益增加 = $200,000 + $720,000 − $640,000 = $280,000
×1年初權益 = $480,000 − $280,000 = $200,000
×1年初資產總額 = $200,000 + $70,000 = $270,000

2.

(1) 資產增加,權益增加
(2) 不變 [非現金資產增加,現金 (資產) 減少]
(3) 資產增加 (非現金資產增加,現金減少),負債增加
(4) 資產增加,負債增加
(5) 資產增加,收益增加 (權益增加)
(6) 資產減少,負債減少
(7) 不變 [現金 (資產) 增加,應收帳款 (資產) 減少]
(8) 資產減少,費用增加 (權益減少)
(9) 資產減少,權益減少
(10) 費用增加 (權益減少),負債增加
(11) 資產減少,負債減少
(12) 資產增加,權益增加

3. (1) 賒購辦公設備　　　(2) 償還應付帳款

(3) 簽發票據支付交際費　　　　　(4) 支付水電費用
(5) 對客戶提供勞務服務並收取現金　(6) 應收帳款收現
(7) 股東投入資金為公司清償負債　　(8) 股東投入資金

4. (1) 應收帳款收現 $3,000
   (2) 購買電腦設備 $5,000，付現金 $2,000，欠款 $3,000
   (3) 出售商品收入 $2,500，收現 $500，$2,000 尚未收現
   (4) 支付應付帳款 $1,500
   (5) 購買土地 $6,000
   (6) 以 $5,000 處分土地，其中 $3,000 收現，$2,000 日後再收取
   (7) 出售商品收入 $5,000 或股東投入 $5,000 資金
   (8) 出售商品收入 $4,000，尚未收現

5. 期末權益 = 期初權益 + 營業損益 + 股東增資 − 股東提取
   (1) ×1 年初權益 = $1,920,000 − $1,200,000 = $720,000
       ×1 年底權益 = $2,480,000 − $1,400,000 = $1,080,000
       ×1 年營業損益 = $1,080,000 − $720,000 = $360,000

   (2) $360,000 + $100,000 = $460,000
   (3) $360,000 − $300,000 = $60,000
   (4) $360,000 − $240,000 + $38,000 = $158,000

6.

嬌生企業
試算表
×1 年 3 月 31 日

現金	$4,000	應付帳款	$11,000
應收帳款	1,500	股本（期初）	30,000
辦公用品	1,700	保留盈餘（期初）	3,800
廠房及設備	41,500	服務收入	9,650
薪資費用	4,500		
水電費用	1,250		
餘額	$54,450	餘額	$54,450

嬌生企業
綜合損益表
×1年1月1日至3月31日

服務收入		$9,650
費用：		
水電費用	$1,250	
薪資費用	4,500	
費用總額		(5,750)
本期淨利		$3,900
其他綜合損益		0
本期綜合損益總額		$3,900

本題假設期初權益中，股本 $30,000，保留盈餘 $3,800。

嬌生企業
權益變動表
×1年1月1日至3月31日

	股本	保留盈餘	權益合計
期初權益	$30,000	$3,800	$33,800
加：股東投資	—	—	—
本期淨利	—	3,900	3,900
期末權益	$30,000	$7,700	$37,700

嬌生企業
資產負債表
×1年3月31日

現金	$4,000	應付帳款	$11,000
應收帳款	1,500	股本	30,000
辦公用品	1,700	保留盈餘	7,700
廠房及設備	41,500		
資產總額	$48,700	負債及權益總額	$48,700

7.

	地瓜藤 綜合損益表 ×1年1月1日至12月31日	
服務收入		$274,040
租金費用		(24,000)
水電費用		(88,000)
薪資費用		(94,000)
雜項費用		(7,600)
土地稅費用		(3,600)
本期淨利		$56,840
其他綜合損益		0
本期綜合損益總額		$56,840

8.

(百萬元)	108年	107年
資產	$8,099	$7,831
負債	2,963	2,925
權益	5,136	4,906
淨利	233	131
綜合損益	311	33

9.

(1)

	全家便利快捷企業 試算表 ×1年12月31日		
現　　金	$ 93,500	應付帳款	$ 8,000
應收帳款	30,000	股本（期初）	10,000
辦公用品	12,000	保留盈餘（期初）	3,000
租金費用	12,000	服務收入	181,000
水電費用	1,000		
燃料費用	18,000		
薪資費用	32,000		
保險費用	3,500		
餘額	$202,000	餘額	$202,000

(2)

全家便利快捷企業
綜合損益表
×1年1月1日至12月31日

服務收入		$181,000
費用：		
租金費用	$12,000	
水電費用	1,000	
燃料費用	18,000	
薪資費用	32,000	
保險費用	3,500	
費用總額		(66,500)
本期淨利		$114,500
其他綜合損益		0
本期綜合損益總額		$114,500

(3)

全家便利快捷企業
結算後試算表
×1年12月31日

現金	$ 93,500	應付帳款	$ 8,000	
應收帳款	30,000	股本（期初）	10,000	
辦公用品	12,000	保留盈餘（期初）	3,000	
		本期淨利	114,500	
餘額	$135,500	餘額	$135,500	

(4) 本題假設期初權益中，股本 $10,000，保留盈餘 $3,000。

全家便利快捷企業
權益變動表
×1年1月1日至12月31日

	股本	保留盈餘	權益合計
期初權益	$10,000	$ 3,000	$ 13,000
加：股東投資	—	—	—
本期淨利	—	114,500	114,500
期末權益	$10,000	$117,500	$127,500

(5)

<table>
<tr><td colspan="4" align="center">全家便利快捷企業
資產負債表
×1 年 12 月 31 日</td></tr>
<tr><td>現金</td><td>$ 93,500</td><td>應付帳款</td><td>$ 8,000</td></tr>
<tr><td>應收帳款</td><td>30,000</td><td>股本</td><td>10,000</td></tr>
<tr><td>辦公用品</td><td>12,000</td><td>保留盈餘</td><td>117,500</td></tr>
<tr><td>資產總額</td><td>$135,500</td><td>負債及權益總額</td><td>$135,500</td></tr>
</table>

Chapter 3 借貸法則、分錄與過帳

【問答題】

1. 資產與費損類的項目增加時,應將增加金額記載在會計帳戶的借方(左方),則資產與費損類的項目正常餘額即在借方。負債、權益與收益類項目增加時,應將增加金額記載在會計帳戶的貸方(右方),則負債、權益與收益類的項目正常餘額即在貸方。

2. 通常一筆會計分錄包括交易日期、借方項目、借方金額、貸方項目、貸方金額以及簡要說明。

3. 過帳即是將日記簿中的資產、負債與權益項目的增減變化由日記簿抄到分類帳中,過完帳就可以知道每一個會計項目(例如現金)餘額是多少。

    過帳程序如下:

    (1) 將日記簿日期及借方金額寫入分類帳相同項目的日期欄及借方金額欄,並且計算餘額欄的數字;
    (2) 再將日記簿會計分錄記錄之日期及貸方金額寫入分類帳相同項目的日期欄及貸方金額欄,並且計算餘額欄的數字;
    (3) 在分類帳索引欄寫入日記簿的頁碼;
    (4) 再回到日記簿的索引欄,將借方索引欄寫入相關分類帳頁碼;在貸方索引欄寫入相關分類帳頁碼。

4. 因為企業每天可能有許多日記簿上的記錄需要過帳,如果有任何錯誤欲查詢哪一個交易記錄有誤時,可以藉由索引欄追蹤交易記錄的來源與去處。

5. 會計項目編碼的原則,大致上係以資產、負債、權益、收益與費損的順序編碼,例如資產1××××、負債2××××、權益3××××、收益4××××與費損5××××,企業需要幾個位數編碼端視其業務之複雜度而定。

【選擇題】

1. (D)	2. (A)	3. (C)	4. (D)
5. (A)	6. (B)	7. (C)	8. (A)
9. (D)	10. (A)	11. (B)	

【練習題】

1.

		帳戶分類	正常餘額
(1)	辦公用品	A	Dr.
(2)	應付票據	L	Cr.
(3)	服務收入	R	Cr.
(4)	股本	E	Cr.
(5)	應付帳款	L	Cr.
(6)	薪資費用	E	Dr.
(7)	設備	A	Dr.
(8)	應收帳款	A	Dr.
(9)	預付保險費	A	Dr.
(10)	應收票據	A	Dr.

2.

	敘述	借方或貸方
(1)	薪資費用之增加	借方
(2)	應付帳款之減少	借方
(3)	本期股本之增加	貸方
(4)	預付保險費之增加	借方
(5)	辦公用品之減少	貸方
(6)	電腦設備之增加	借方
(7)	服務收入之增加	貸方
(8)	應收帳款之減少	貸方
(9)	租金費用之增加	借方
(10)	儲藏設備之減少	貸方

3.

分類	交易事項									
	(1)	(2)	(3)	(4)	(5)	(6)	(7)	(8)	(9)	(10)
資產	借	借貸	貸	借	貸	借	貸	借貸	借	借
負債			貸		貸	借				
權益	貸									
收入									貸	貸
費用			借		借					

4.

日記簿　　　　　　　　　　　　　　　　　　　J1

日期	會計項目及摘要	借方	貸方
11/1	現金	390,000	
	股本		390,000
	記錄股東之原始投資		
11/6	辦公用品	67,200	
	現金		67,200
	記錄購置辦公用品		
11/18	現金	63,750	
	服務收入		63,750
	記錄服務收入		
11/29	薪資費用	18,000	
	現金		18,000
	支付員工薪資		

5.

現金					股本		
11/1	390,000	11/6	67,200			11/1	390,000
11/18	63,750	11/29	18,000				390,000
	368,550						

辦公用品					服務收入		
11/6	67,200					11/18	63,750
	67,200						63,750

薪資費用		
11/29	18,000	
	18,000	

6.

日記簿　　　　　　　　　　　　　　　　　　　J1

日期	會計項目及摘要	借方	貸方
8/1	現金	1,000,000	
	股本		1,000,000
	記錄股東之原始投資		
8/2	不需要會計分錄		
8/5	辦公設備	250,000	
	應付帳款		250,000
	記錄購置辦公設備		
8/8	應收帳款	54,600	
	服務收入		54,600
	記錄服務收入		
8/15	應付帳款	100,000	
	現金		100,000
	償付部分購入辦公設備之應付帳款		

8/27	現金	11,000	
	服務收入		11,000
	提供服務,賺得收入		
8/31	薪資費用	64,000	
	現金		64,000
	支付助理薪資		

7.

現金					應付帳款			
8/1	1,000,000	8/15	100,000		8/15	100,000	8/5	250,000
8/27	1,000	8/31	64,000					
	847,000							150,000

應收帳款				股本			
8/8	54,600					8/1	1,000,000
	54,600						1,000,000

辦公設備				服務收入			
8/5	250,000					8/8	54,600
						8/27	11,000
	250,000						65,600

薪資費用			
8/31	64,000		
	64,000		

8.

日記簿　　　　　　　　　　　　　　　　　　J1

日期	會計項目及摘要	借方	貸方
7/1	現金	220,000	
	股本		220,000
	記錄股東之原始投資		

日期	科目	借方	貸方
7/5	辦公用品	15,500	
	應付帳款		15,500
	賒帳購入辦公用具		
7/7	現金	6,000	
	服務收入		6,000
	記錄提供服務收取現金		
7/14	應收帳款	32,000	
	服務收入		32,000
	記錄服務收入，帳款於未來期間收現		
7/18	薪資費用	9,900	
	現金		9,900
	支付薪資		
7/22	應付帳款	9,300	
	現金		9,300
	償付應付帳款		
7/29	現金	16,800	
	應收帳款		16,800
	應收帳款收現		
7/31	預付保險費	12,000	
	現金		12,000
	預付保險金		
7/31	現金	5,500	
	應付票據		5,500
	向銀行借款開立票據		

9.

九龍房地產經紀公司
試算表
×1年7月31日

	借方	貸方
現金	$217,100	
應收帳款	15,200	
預付保險費	12,000	
辦公用品	15,500	
應付帳款		$6,200
應付票據		5,500
股本		220,000
服務收入		38,000
薪資費用	9,900	
餘額	$269,700	$269,700

10.

九龍房地產經紀公司
綜合損益表
×1年7月1日至7月31日

服務收入	$38,000
減：薪資費用	(9,900)
本期淨利	$28,100
其他綜合損益	0
本期綜合損益總額	$28,100

九龍房地產經紀公司
權益變動表
×1年7月1日至7月31日

	股本	保留盈餘	權益合計
期初權益	$ 0	$ 0	$ 0
加：股東投資	220,000	—	220,000
本期淨利	—	28,100	28,100
期末權益	$220,000	$28,100	$248,100

九龍房地產經紀公司
資產負債表
×1 年 7 月 31 日

現金	$217,100	應付帳款	$ 6,200
應收帳款	15,200	應付票據	5,500
預付保險費	12,000	股本	220,000
辦公用品	15,500	保留盈餘	28,100
資產總額	$259,800	負債及權益總額	$259,800

【應用問題】

1.

日記簿

J1

日期	會計項目及摘要	借方	貸方
3/1	現金	105,000	
	股本		105,000
	記錄股東對診所之原始投資		
3/3	醫療設備	75,000	
	現金		15,000
	應付帳款		60,000
	記錄購置醫療設備，其中部分付現，部分於未來付現		
3/5	醫療用品	13,500	
	現金		13,500
	記錄現金購置醫療用品		
3/8	應收帳款	54,000	
	醫療服務收入		54,000
	提供醫療服務，帳款於未來期間收現		
3/20	現金	13,000	
	醫療服務收入		13,000
	提供醫療服務，並收取現金		

	3/25	現金		9,000	
		應收帳款			9,000
		應收帳款收現			

2.

(1)

日記簿　　　　　　　　　　　　　　　　　　　　　　　　　　　　J1

日期	會計項目及摘要	索引	借方	貸方
(1)	現金	1	13,000	
	股本	51		13,000
	記錄股東對美容公司之原始投資			
(2)	美容設備	15	4,500	
	現金	1		1,000
	應付帳款	25		3,500
	記錄購置美容設備，其中部分付現，部分於未來付現			
(3)	租金費用	83	1,100	
	現金	1		1,100
	記錄支付本月店租			
(4)	現金	1	1,300	
	美容服務收入	61		1,300
	提供美容服務，並收取現金			
(5)	應收帳款	10	2,000	
	美容服務收入	61		2,000
	提供美容服務，帳款於未來期間收現			
(6)	美容用具	12	600	
	現金	1		600
	記錄現金購置美容用具			
(7)	水電費用	82	750	
	現金	1		750
	記錄現金支付本月水電費用			
(8)	現金	1	1,000	
	應收帳款	10		1,000
	應收帳款收現			

			25	3,500	
(9)	應付帳款		25	3,500	
	現金		1		3,500
	支付美容設備欠款				
(10)	薪資費用		81	500	
	現金		1		500
	記錄現金支付本月薪資費用				

※ 讀者請注意：索引欄於過帳時再行填入。

(2)

現金　　　　　　　　　　　　　　　　　　　　　　1

日期	摘要	索引	借方	貸方	餘額
(1)		J1	13,000		13,000
(2)		J1		1,000	12,000
(3)		J1		1,100	10,900
(4)		J1	1,300		12,200
(6)		J1		600	11,600
(7)		J1		750	10,850
(8)		J1	1,000		11,850
(9)		J1		3,500	8,350
(10)		J1		500	7,850

應收帳款　　　　　　　　　　　　　　　　　　　　10

日期	摘要	索引	借方	貸方	餘額
(5)		J1	2,000		2,000
(8)		J1		1,000	1,000

美容用具　　　　　　　　　　　　　　　　　　　　12

日期	摘要	索引	借方	貸方	餘額
(6)		J1	600		600

美容設備　　　　　　　　　　　　　　　　　　　　15

日期	摘要	索引	借方	貸方	餘額
(2)		J1	4,500		4,500

應付帳款　　　　　　　　　　　　　　　　　　　　　25

日期	摘要	索引	借方	貸方	餘額
(2)		J1		3,500	3,500
(9)		J1	3,500		0

股本　　　　　　　　　　　　　　　　　　　　　51

日期	摘要	索引	借方	貸方	餘額
(1)		J1		13,000	13,000

美容服務收入　　　　　　　　　　　　　　　　　　　　　61

日期	摘要	索引	借方	貸方	餘額
(4)		J1		1,300	1,300
(5)		J1		2,000	3,300

薪資費用　　　　　　　　　　　　　　　　　　　　　81

日期	摘要	索引	借方	貸方	餘額
(10)		J1	500		500

水電費用　　　　　　　　　　　　　　　　　　　　　82

日期	摘要	索引	借方	貸方	餘額
(7)		J1	750		750

租金費用　　　　　　　　　　　　　　　　　　　　　83

日期	摘要	索引	借方	貸方	餘額
(3)		J1	1,100		1,100

(3)

丹丹寵物美容店
試算表
××年×月×日

		借　方	貸　方
101	現金	$ 7,850	
105	應收帳款	1,000	
120	美容用具	600	
150	美容設備	4,500	
201	應付帳款		$　　0
310	股本		13,000
320	保留盈餘		0
401	美容服務收入		3,300
501	薪資費用	500	
502	水電費用	750	
503	租金費用	1,100	
	餘額	$16,300	$16,300

3.

(1)

日記簿　　　　　　　　　　　　　　　J1

日期	會計項目及摘要	索引	借方	貸方
8/1	現金	1	715,000	
	股本	51		715,000
	記錄股東對電子企業之原始投資			
8/2	租金費用	83	13,000	
	現金	1		13,000
	記錄支付本月租金			
8/4	電子設備	15	195,000	
	現金	1		72,000
	應付帳款	25		123,000
	記錄購置電子設備，其中部分付現，部分於未來付現			

日期	科目	類頁	借方	貸方
8/5	現金	1	18,000	
	電子工程收入	61		18,000
	提供電子工程服務，並收取現金			
8/7	辦公用品	12	12,500	
	現金	1		12,500
	記錄現金購置辦公用品			
8/8	辦公設備	18	50,300	
	應付帳款	25		50,300
	賒帳購置辦公設備			
8/15	應收帳款	10	90,000	
	電子工程收入	61		90,000
	提供電子工程服務，帳款於未來期間收現			
8/18	應收帳款	10	14,400	
	電子工程收入	61		14,400
	提供電子工程服務，帳款於未來期間收現			
8/20	應付帳款	25	50,300	
	現金	1		50,300
	支付辦公設備欠款			
8/24	辦公用品	12	4,500	
	應付帳款	25		4,500
	記錄購置辦公用品			
8/28	現金	1	51,000	
	應收帳款	10		51,000
	應收帳款收現			
8/29	薪資費用	81	19,000	
	現金	1		19,000
	記錄現金支付本月薪資費用			
8/31	水電費用	82	6,600	
	現金	1		6,600
	記錄現金支付本月水電費用			

(2)

現金　　1

日期	摘要	索引	借方	貸方	餘額
8/1		J1	715,000		715,000
8/2		J1		13,000	702,000
8/4		J1		72,000	630,000
8/5		J1	18,000		648,000
8/7		J1		12,500	635,500
8/20		J1		50,300	585,200
8/28		J1	51,000		636,200
8/29		J1		19,000	617,200
8/31		J1		6,600	610,600

應收帳款　　10

日期	摘要	索引	借方	貸方	餘額
8/15		J1	90,000		90,000
8/18		J1	14,400		104,400
8/28		J1		51,000	53,400

辦公用品　　12

日期	摘要	索引	借方	貸方	餘額
8/7		J1	12,500		12,500
8/24		J1	4,500		17,000

電子設備　　15

日期	摘要	索引	借方	貸方	餘額
8/4		J1	195,000		195,000

辦公設備　　18

日期	摘要	索引	借方	貸方	餘額
8/8		J1	50,300		50,300

應付帳款　　　　　　　　　　　　　　　　　　　　25

日期	摘要	索引	借方	貸方	餘額
8/4		J1		123,000	123,000
8/8		J1		50,300	173,300
8/20		J1	50,300		123,000
8/24		J1		4,500	127,500

股本　　　　　　　　　　　　　　　　　　　　51

日期	摘要	索引	借方	貸方	餘額
8/1		J1		715,000	715,000

電子工程收入　　　　　　　　　　　　　　　　　　　　61

日期	摘要	索引	借方	貸方	餘額
8/5		J1		18,000	18,000
8/15		J1		90,000	108,000
8/18		J1		14,400	122,400

薪資費用　　　　　　　　　　　　　　　　　　　　81

日期	摘要	索引	借方	貸方	餘額
8/29		J1	19,000		19,000

水電費用　　　　　　　　　　　　　　　　　　　　82

日期	摘要	索引	借方	貸方	餘額
8/31		J1	6,600		6,600

租金費用　　　　　　　　　　　　　　　　　　　　83

日期	摘要	索引	借方	貸方	餘額
8/2		J1	13,000		13,000

(3)

金鋒電子企業
試算表
×1年8月31日

		借　方	貸　方
101	現金	$610,600	
105	應收帳款	53,400	
120	辦公用品	17,000	
150	電子設備	195,000	
155	辦公設備	50,300	
201	應付帳款		$127,500
310	股本		715,000
320	保留盈餘		0
401	電子工程收入		122,400
501	薪資費用	19,000	
502	水電費用	6,600	
503	租金費用	13,000	
	餘額	$964,900	$964,900

4.

(1)

日記簿　　　　　　　　　　　　　　　　J1

日期	會計項目及摘要	索引	借方	貸方
10/1	現金	1	208,000	
	股本	51		208,000
	記錄股東對工程企業之原始投資			
10/2	租金費用	83	2,300	
	現金	1		2,300
	記錄支付本月辦公室租金			
10/4	辦公用品	12	1,200	
	現金	1		1,200
	記錄現金購置辦公用品			

日期	科目	索引	借方	貸方
10/6	工程設備	15	30,000	
	現金	1		5,000
	應付帳款	25		25,000
	記錄購置工程設備,其中部分付現,部分於未來付現			
10/10	現金	1	178,000	
	工程收入	61		178,000
	提供工程服務,並收取現金			
10/10	辦公設備	18	6,400	
	應付帳款	25		6,400
	賒帳購置辦公設備			
10/15	應收帳款	10	19,800	
	工程收入	61		19,800
	提供工程服務,帳款於未來期間收現			
10/20	應付帳款	25	6,400	
	現金	1		6,400
	支付應付帳款			
10/23	辦公用品	12	6,200	
	應付帳款	25		6,200
	記錄賒帳購置辦公用品			
10/25	應收帳款	10	14,500	
	工程收入	61		14,500
	提供工程服務,帳款於未來期間收現			
10/29	現金	1	19,800	
	應收帳款	10		19,800
	應收帳款收現			
10/31	薪資費用	81	9,500	
	現金	1		9,500
	記錄現金支付本月薪資費用			
10/31	水電費用	82	1,200	
	現金	1		1,200
	記錄現金支付本月水電費用			

※ 讀者請注意:索引欄於過帳時再行填入。

(2)

現金　　1

日期	摘要	索引	借方	貸方	餘額
10/1		J1	208,000		208,000
10/2		J1		2,300	205,700
10/4		J1		1,200	204,500
10/6		J1		5,000	199,500
10/10		J1	178,000		377,500
10/20		J1		6,400	371,100
10/29		J1	19,800		390,900
10/31		J1		9,500	381,400
10/31		J1		1,200	380,200

應收帳款　　10

日期	摘要	索引	借方	貸方	餘額
10/15		J1	19,800		19,800
10/25		J1	14,500		34,300
10/29		J1		19,800	14,500

辦公用品　　12

日期	摘要	索引	借方	貸方	餘額
10/4		J1	1,200		1,200
10/23		J1	6,200		7,400

工程設備　　15

日期	摘要	索引	借方	貸方	餘額
10/6		J1	30,000		30,000

辦公設備　　18

日期	摘要	索引	借方	貸方	餘額
10/10		J1	6,400		6,400

應付帳款　　　　　　　　　　　　　　　　　25

日期	摘要	索引	借方	貸方	餘額
10/6		J1		25,000	25,000
10/10		J1		6,400	31,400
10/20		J1	6,400		25,000
10/23		J1		6,200	31,200

股本　　　　　　　　　　　　　　　　　51

日期	摘要	索引	借方	貸方	餘額
10/1		J1		208,000	208,000

工程收入　　　　　　　　　　　　　　　　　61

日期	摘要	索引	借方	貸方	餘額
10/10		J1		178,000	178,000
10/15		J1		19,800	197,800
10/25		J1		14,500	212,300

薪資費用　　　　　　　　　　　　　　　　　81

日期	摘要	索引	借方	貸方	餘額
10/31		J1	9,500		9,500

水電費用　　　　　　　　　　　　　　　　　82

日期	摘要	索引	借方	貸方	餘額
10/31		J1	1,200		1,200

租金費用　　　　　　　　　　　　　　　　　83

日期	摘要	索引	借方	貸方	餘額
10/2		J1	2,300		2,300

(3)

茂貴工程企業
試算表
××年10月31日

		借方	貸方
101	現金	$380,200	
105	應收帳款	14,500	
120	辦公用品	7,400	
150	工程設備	30,000	
155	辦公設備	6,400	
201	應付帳款		$ 31,200
305	股本		208,000
310	保留盈餘		0
401	工程收入		212,300
501	薪資費用	9,500	
502	水電費用	1,200	
503	租金費用	2,300	
	餘額	$451,500	$451,500

(4)

茂貴工程企業
綜合損益表
××年10月1日至10月31日

工程收入		$212,300
減：薪資費用	$9,500	
水電費用	1,200	
租金費用	2,300	
費用總額		(13,000)
本期淨利		$ 199,300
其他綜合損益		0
本期綜合損益總額		$ 199,300

茂貴工程企業
權益變動表
××年10月1日至10月31日

	股本	保留盈餘	權益合計
期初權益	$　　　0	$　　　0	$　　　0
加：股東投資	208,000	—	208,000
本期淨利	—	199,300	199,300
期末權益	$208,000	$199,300	$407,300

茂貴工程企業
資產負債表
××年 10 月 31 日

現金	$380,200	應付帳款	$ 31,200
應收帳款	14,500		
辦公用品	7,400		
工程設備	30,000	股本	208,000
辦公設備	6,400	保留盈餘	199,300
資產總額	$438,500	負債及權益總額	$438,500

5.

(1)

日記簿 J1

日期	會計項目及摘要	索引	借方	貸方
4/1	現金	1	75,000	
	應收帳款	10	125,000	
	服務收入	150		200,000
	賺得服務收入，其中部分收取現金，部分於未來收現			
4/1	應付帳款	80	60,000	
	現金	1		60,000
	記錄償還應付帳款			
4/8	辦公設備	50	60,000	
	現金	1		30,000
	應付帳款	80		30,000
	記錄購置辦公設備，其中部分付現，部分於未來付現			
4/15	薪資費用	180	25,000	
	租金費用	200	45,000	
	廣告費用	210	5,000	
	現金	1		75,000
	記錄支付員工薪資、租金支出及廣告支出			

4/16	現金	1	20,000	
	應收帳款	10		20,000
	記錄應收帳款收現			
4/25	現金	1	100,000	
	應付票據	70		100,000
	記錄向銀行借款並開立票據			
4/28	電話費用	220	7,000	
	水電費用	190	4,000	
	現金	1		11,000
	記錄現金支付本月電話費用及水電費用			

(2)

現金　　　　　　　　　　　　　　　　　　　　　　　　1

日期	摘要	索引	借方	貸方	餘額
3/31		J1			300,000
4/1		J1	75,000		375,000
4/1		J1		60,000	315,000
4/8		J1		30,000	285,000
4/15		J1		75,000	210,000
4/16		J1	20,000		230,000
4/25		J1	100,000		330,000
4/28		J1		11,000	319,000

應收帳款　　　　　　　　　　　　　　　　　　　　　　10

日期	摘要	索引	借方	貸方	餘額
3/31		J1			75,000
4/1		J1	125,000		200,000
4/16		J1		20,000	180,000

辦公用品　　　　　　　　　　　　　　　　　　　　　　20

日期	摘要	索引	借方	貸方	餘額
3/31		J1			12,000

辦公設備　　　　　　　　　　　　　　　　50

日期	摘要	索引	借方	貸方	餘額
3/31		J1			350,000
4/8		J1	60,000		410,000

應付票據　　　　　　　　　　　　　　　　70

日期	摘要	索引	借方	貸方	餘額
3/31		J1			100,000
4/25		J1		100,000	200,000

應付帳款　　　　　　　　　　　　　　　　80

日期	摘要	索引	借方	貸方	餘額
3/31		J1			85,000
4/1		J1	60,000		25,000
4/8		J1		30,000	55,000

股本　　　　　　　　　　　　　　　　　　100

日期	摘要	索引	借方	貸方	餘額
3/31		J1			552,000

服務收入　　　　　　　　　　　　　　　　150

日期	摘要	索引	借方	貸方	餘額
4/1		J1		200,000	200,000

薪資費用　　　　　　　　　　　　　　　　180

日期	摘要	索引	借方	貸方	餘額
4/15		J1	25,000		25,000

水電費用　　　　　　　　　　　　　　　　190

日期	摘要	索引	借方	貸方	餘額
4/28		J1	4,000		4,000

租金費用　　　　　　　　　　　　　　　200

日期	摘要	索引	借方	貸方	餘額
4/15		J1	45,000		45,000

廣告費用　　　　　　　　　　　　　　　210

日期	摘要	索引	借方	貸方	餘額
4/15		J1	5,000		5,000

電話費用　　　　　　　　　　　　　　　220

日期	摘要	索引	借方	貸方	餘額
4/28		J1	7,000		7,000

(3)

淑君企業
試算表
×1年4月30日

科目		借方	貸方
101	現金	$ 319,000	
105	應收帳款	180,000	
120	辦公用品	12,000	
155	辦公設備	410,000	
201	應付票據		$ 200,000
202	應付帳款		55,000
302	股本		552,000
305	保留盈餘		0
401	服務收入		200,000
501	薪資費用	25,000	
502	水電費用	4,000	
503	租金費用	45,000	
506	廣告費用	5,000	
509	電話費用	7,000	
	餘額	$1,007,000	$1,007,000

(4)

淑君企業
綜合損益表
×1 年 4 月 1 日至 4 月 30 日

服務收入		$200,000
減：薪資費用	$25,000	
水電費用	4,000	
租金費用	45,000	
廣告費用	5,000	
電話費用	7,000	
費用總額		(86,000)
本期淨利		$114,000
其他綜合損益		0
本期綜合損益總額		$114,000

淑君企業
權益變動表
×1 年 4 月 1 日至 4 月 30 日

	股本	保留盈餘	權益合計
期初權益	$552,000	$ 0	$552,000
加：股東投資	—	—	—
本期淨利	—	114,000	114,000
期末權益	$552,000	$114,000	$666,000

淑君企業
資產負債表
×1 年 4 月 30 日

現金	$319,000	應付票據	$200,000
應收帳款	180,000	應付帳款	55,000
辦公用品	12,000	股本	552,000
辦公設備	410,000	保留盈餘	114,000
資產總額	$921,000	負債及權益總額	$921,000

6.

(1)

日記簿

J1

日期	會計項目及摘要	索引	借方	貸方
11/1	現金	1	225,000	
	股本	51		225,000
	記錄股東對企業之原始投資			
11/2	廣告費用	84	2,200	
	現金	1		2,200
	記錄支付廣告支出			
11/4	辦公用品	12	15,000	
	應付帳款	27		15,000
	記錄賒帳購置辦公用品			
11/7	租金費用	83	9,000	
	現金	1		9,000
	記錄支付本月租金			
11/10	現金	1	155,000	
	應付票據	25		155,000
	記錄向銀行借款並開立票據			
11/16	現金	1	18,000	
	服務收入	61		18,000
	提供服務，並收取現金			
11/17	辦公設備	15	80,000	
	應付帳款	27		80,000
	賒帳購置辦公設備			
11/22	應收帳款	10	120,000	
	服務收入	61		120,000
	提供服務，帳款於未來期間收現			
11/25	應付帳款	27	9,000	
	現金	1		9,000
	現金支付賒購辦公用品部分款項			

日期		索引	借方	貸方
11/26	現金	1	54,000	
	應收帳款	10		54,000
	應收帳款收現			
11/29	水電費用	82	5,000	
	現金	1		5,000
	記錄現金支付本月水電費用			
11/30	現金	1	12,000	
	服務收入	61		12,000
	提供服務，並收取現金			
11/30	薪資費用	81	35,000	
	現金	1		35,000
	記錄現金支付本月薪資費用			

※ 讀者請注意：索引欄於過帳時再行填入。

(2)

現金　　　　　　　　　　　　　　　　　　　　　1

日期	摘要	索引	借方	貸方	餘額
11/1		J1	225,000		225,000
11/2		J1		2,200	222,800
11/7		J1		9,000	213,800
11/10		J1	155,000		368,800
11/16		J1	18,000		386,800
11/25		J1		9,000	377,800
11/26		J1	54,000		431,800
11/29		J1		5,000	426,800
11/30		J1	12,000		438,800
11/30		J1		35,000	403,800

應收帳款　　　　　　　　　　　　　　　　　　　10

日期	摘要	索引	借方	貸方	餘額
11/22		J1	120,000		120,000
11/26		J1		54,000	66,000

辦公用品　　　　　　　　　　　　　　　　12

日期	摘要	索引	借方	貸方	餘額
11/4		J1	15,000		15,000

辦公設備　　　　　　　　　　　　　　　　15

日期	摘要	索引	借方	貸方	餘額
11/17		J1	80,000		80,000

應付票據　　　　　　　　　　　　　　　　25

日期	摘要	索引	借方	貸方	餘額
11/10		J1		155,000	155,000

應付帳款　　　　　　　　　　　　　　　　27

日期	摘要	索引	借方	貸方	餘額
11/4		J1		15,000	15,000
11/17		J1		80,000	95,000
11/25		J1	9,000		86,000

股本　　　　　　　　　　　　　　　　　　51

日期	摘要	索引	借方	貸方	餘額
11/1		J1		225,000	225,000

服務收入　　　　　　　　　　　　　　　　61

日期	摘要	索引	借方	貸方	餘額
11/1		J1		18,000	18,000
11/22		J1		120,000	138,000
11/30		J1		12,000	150,000

薪資費用　　　　　　　　　　　　　　　　81

日期	摘要	索引	借方	貸方	餘額
11/30		J1	35,000		35,000

水電費用　　　　　　　　　　　　　　　　　　　82

日期	摘要	索引	借方	貸方	餘額
11/29		J1	5,000		5,000

租金費用　　　　　　　　　　　　　　　　　　　83

日期	摘要	索引	借方	貸方	餘額
11/7		J1	9,000		9,000

廣告費用　　　　　　　　　　　　　　　　　　　84

日期	摘要	索引	借方	貸方	餘額
11/2		J1	2,200		2,200

(3)

國民經紀企業
試算表
×1年11月30日

		借方	貸方
101	現金	$403,800	
105	應收帳款	66,000	
120	辦公用品	15,000	
150	辦公設備	80,000	
201	應付票據		$155,000
202	應付帳款		86,000
301	股本		225,000
305	保留盈餘		0
401	服務收入		150,000
501	薪資費用	35,000	
502	水電費用	5,000	
503	租金費用	9,000	
506	廣告費用	2,200	
	餘額	$616,000	$616,000

(4)

國民經紀企業
綜合損益表
×1 年 11 月 1 日至 11 月 30 日

服務收入		$150,000
減：薪資費用	$35,000	
水電費用	5,000	
租金費用	9,000	
廣告費用	2,200	
費用總額		(51,200)
本期淨利		$98,800
其他綜合損益		0
本期綜合損益總額		$98,800

國民經紀企業
權益變動表
×1 年 11 月 1 日至 11 月 30 日

	股本	保留盈餘	權益合計
期初權益	$　　0	$　　0	$　　0
加：股東投資	225,000	—	225,000
本期淨利	—	98,800	98,800
期末權益	$225,000	$98,800	$323,800

國民經紀企業
資產負債表
×1 年 11 月 30 日

現金	$403,800	應付票據	$155,000
應收帳款	66,000	應付帳款	86,000
辦公用品	15,000	股本	225,000
辦公設備	80,000	保留盈餘	98,800
資產總額	$564,800	負債及權益總額	$564,800

7.
(1)

日記簿　　　　　　　　　　　　　　　　　　　　　　　　　　　　J1

日期	會計項目及摘要	索引	借方	貸方
4/2	辦公設備	18	90,000	
	現金	1		20,000
	應付帳款	27		70,000
	記錄購置辦公設備，其中部分付現，部分於未來付現			
4/5	現金	1	100,000	
	應收帳款	10	134,000	
	服務收入	61		234,000
	賺得服務收入，其中部分收取現金，部分於未來收現			
4/12	現金	1	30,000	
	應收帳款	10		30,000
	記錄應收帳款收現			
4/17	現金	1	180,000	
	應付票據	25		180,000
	記錄向銀行借款並開立票據			
4/22	水電費用	82	5,000	
	現金	1		5,000
	記錄現金支付本月水電費用			
4/26	應付帳款	27	61,000	
	現金	1		61,000
	記錄償還應付帳款			
4/30	薪資費用	81	16,000	
	租金費用	83	14,000	
	現金	1		30,000
	記錄支付員工薪資及租金支出			

(2)

現金　　1

日期	摘要	索引	借方	貸方	餘額
3/31					200,000
4/2		J1		20,000	180,000
4/5		J1	100,000		280,000
4/12		J1	30,000		310,000
4/17		J1	180,000		490,000
4/22		J1		5,000	485,000
4/26		J1		61,000	424,000
4/30		J1		30,000	394,000

應收帳款　　10

日期	摘要	索引	借方	貸方	餘額
3/31		J1			55,000
4/5		J1	134,000		189,000
4/12		J1		30,000	159,000

辦公用品　　12

日期	摘要	索引	借方	貸方	餘額
3/31		J1			15,000

預付保險費　　15

日期	摘要	索引	借方	貸方	餘額
3/31		J1			10,000

辦公設備　　18

日期	摘要	索引	借方	貸方	餘額
3/31					200,000
4/2		J1	90,000		290,000

應付票據　　　　　　　　　　　　　　　25

日期	摘要	索引	借方	貸方	餘額
3/31					60,000
4/17		J1		180,000	240,000

應付帳款　　　　　　　　　　　　　　　27

日期	摘要	索引	借方	貸方	餘額
3/31					68,000
4/2		J1		70,000	138,000
4/26		J1	61,000		77,000

股本　　　　　　　　　　　　　　　　　51

日期	摘要	索引	借方	貸方	餘額
3/31					352,000

服務收入　　　　　　　　　　　　　　　61

日期	摘要	索引	借方	貸方	餘額
4/5		J1		234,000	234,000

薪資費用　　　　　　　　　　　　　　　81

日期	摘要	索引	借方	貸方	餘額
4/30		J1	16,000		16,000

水電費用　　　　　　　　　　　　　　　82

日期	摘要	索引	借方	貸方	餘額
4/22		J1	5,000		5,000

租金費用　　　　　　　　　　　　　　83

日期	摘要	索引	借方	貸方	餘額
4/30		J1	14,000		14,000

(3)

亞妮企業
試算表
×1年4月30日

		借方	貸方
101	現金	$394,000	
105	應收帳款	159,000	
120	辦公用品	15,000	
130	預付保險費	10,000	
155	辦公設備	290,000	
201	應付票據		$240,000
202	應付帳款		77,000
301	股本		352,000
305	保留盈餘		0
401	服務收入		234,000
501	薪資費用	16,000	
502	水電費用	5,000	
503	租金費用	14,000	
	餘額	$903,000	$903,000

(4)

亞妮企業
綜合損益表
×1年4月1日至4月30日

服務收入		$234,000
減：薪資費用	$16,000	
水電費用	5,000	
租金費用	14,000	
費用總額		(35,000)
本期淨利		$ 199,000

亞妮企業
權益變動表
×1年4月1日至4月30日

	股本	保留盈餘	權益合計
期初權益	$352,000	$ 0	$352,000
加：股東投資	—	—	—
本期淨利	—	199,000	199,000
期末權益	$352,000	$199,000	$551,000

亞妮企業
資產負債表
×1年4月30日

現金	$394,000	應付票據	$240,000
應收帳款	159,000	應付帳款	77,000
辦公用品	15,000		
預付保險費	10,000	股本	352,000
辦公設備	290,000	保留盈餘	199,000
資產總額	$868,000	負債及權益總額	$868,000

8. (1)

日記簿　　　　　　　　　　　　　　　　　　　　　　　　　　J1

日期	會計項目及摘要	借方	貸方
1	應收帳款	18,200	
	服務收入		18,200
	記錄股東之原始投資		
2	辦公用品	1,750	
	現金		1,750
	記錄購買辦公用品		
3	汽車	25,000	
	現金		5,000
	應付票據		20,000
	記錄購置汽車		

4	現金		4,000	
	應收帳款			4,000
	記錄應收帳款收現			
5	應付帳款		1,000	
	現金			1,000
	償付應收帳款			
6	預付租金		2,080	
	現金			2,080
	支付預付租金			
7	現金		48,000	
	服務收入			48,000
	收到完成的服務收入			
8	應付票據		20,000	
	現金			20,000
	支付到期應付票據款			
9	現金		8,000	
	預收服務收入			8,000
	收到預收服務收入			
10	薪資費用		5,000	
	現金			5,000
	支付薪資費用			
11	水電費用		850	
	現金			850
	支付水電費用			

(2)

現金		應付帳款	
18,000	1,750	1,000	2,240
4,000	5,000		1,240
48,000	1,000		
8,000	2,080		
	20,000		
	5,000		
	850		
42,320			

應收帳款		應付票據	
5,370	4,000	20,000	4,100
18,200			20,000
19,570			4,100

辦公用品		預收服務收入	
600			8,000
1,750			8,000
2,350			

預付租金		股本	
660			58,000
2,080			58,000
2,740			

土地		保留盈餘	
24,000			14,290
24,000			14,290

建築物		服務收入	
30,000			18,200
30,000			48,000
			66,200

汽車		薪資費用	
25,000		5,000	
25,000		5,000	

水電費用	
850	
850	

(3)

麟洋公司
試算表
×1 年 12 月 31 日

	借方	貸方
現金	$42,320	
應收帳款	19,570	
辦公用品	2,350	
預付租金	2,740	
土地	24,000	
建築物	30,000	
汽車	25,000	
應付帳款		$1,240
應付票據		4,100
預收服務收入		8,000
股本		58,000
保留盈餘		14,290
服務收入		66,200
薪資費用	5,000	
水電費用	850	
餘額	$151,830	$151,830

9.

不平衡公司
試算表
×1 年 5 月 31 日

	借方	貸方
現金	$148,500	
應收票據	20,000	
應收帳款	67,200	
預付保險費	11,000	
辦公用品	35,000	
設備	220,500	
應付帳款		$124,300
應付不動產稅		5,000
股本		341,500
保留盈餘		0
服務收入		177,500
薪資費用	70,825	
廣告費用	33,725	
水電費用	10,500	
不動產稅費用	31,050	
	$648,300	$648,300

各金額明細如下：

現金	$148,500 = $162,000 − $13,500
應收帳款	$67,200 = $66,200 + $12,000 − $11,000
預付保險費	$11,000 = $14,000 − $3,000
辦公用品	$35,000 = $47,000 − $12,000
設備	$220,500 = $208,500 + $12,000
應付帳款	$124,300 = $90,000 + $12,000 + $33,300 − $11,000
股本	$341,500 = $331,000 + $10,500
薪資費用	$70,825 = $60,825 + $10,000
廣告費用	$33,725 = $20,225 + $13,500
不動產稅費用	$31,050 = $7,000 + $24,050

10.

(單位：新台幣百萬)

	收入*	淨利	資產	權益
Intel	1,900,384	330,112	3,626,464	2,119,232
台積電	947,938	334,338	1,886,455	1,390,051
差距	952,855	(4,226)	1,740,009	729,181

* 收入通常指淨收入

4 Chapter 調整分錄、結帳分錄與會計循環

【問答題】

1. 應計基礎會計制度（accrual-basis accounting）乃記錄一企業個體於特定會計期間內發生之交易事項，而非按照企業個體收到與支付現金之時點來記錄交易之事項。應計基礎會計制度所揭露之交易事項有助於預測未來企業經營之成果，而現金基礎會計制度僅於收到現金時記錄收入，而於支出現金時記錄費用，因此容易產生誤導之財報。

2. 勞務收入應完全滿足下列條件時，方得認列：
    (a) 收入金額能可靠衡量；
    (b) 與交易有關之經濟效益很有可能流入企業；
    (c) 報導期間結束日之交易完成程度能可靠衡量；及
    (d) 交易已發生之成本及完成交易尚須發生之成本能可靠衡量。

3. 調整分錄分為下列四大類型——借記與貸記程序如下：
    (1) 預付費用之調整：借記費用，貸記預付費用。
    (2) 應計費用之調整：借記費用，貸記應付。
    (3) 預收收入之調整：借記預收收入，貸記收入。
    (4) 應計收入之調整：借記應收，貸記收入。

4. 將收入帳戶與費用帳戶結束歸零的程序稱為「結帳」，其目的在於計算並記錄本期損益，公司從事結帳程序的三個步驟如下：
    (1) （結帳第一步驟）將本會計期間公司的收入帳戶結清（餘額變為零），並將這個金額記入「本期損益」項目。

(2)（結帳第二步驟）將本會計期間公司的費用帳戶結清（餘額變為零），並將這個金額記入「本期損益」項目。

(3)（結帳第三步驟）將本期損益結清，並將餘額結轉至保留盈餘。

5. 公司的會計循環包含九步驟，分為三類：

第一類　會計期間開始：

步驟一：各個會計項目分類帳的期初餘額

第二類　會計期間中：

步驟二：分析企業交易及將企業交易記入日記簿
步驟三：將日記簿分錄過帳至分類帳
步驟四：編製調整前試算表

第三類　會計期間末了，編製財務報表時（這個程序可透過附錄的工作底稿完成）：

步驟五：將調整分錄記入日記簿及過帳至分類帳
步驟六：編製調整後試算表
步驟七：編製財務報表（損益表、權益變動表及資產負債表）
步驟八：將結帳分錄記入日記簿及過帳至分類帳
步驟九：編製結帳後試算表

6. 兩者之差異在於結帳後試算表上所列式的會計項目僅包括資產、負債與權益三大類；但調整後試算表則另包括收益與費損二大類，共五大類。其次，為保留盈餘的餘額不同。再者，借方及貸方總額並不相同。

【選擇題】

1. (A)　　2. (B)　　3. (C)
4. (A)　　5. (C)　　6. (B)
7. (B)　　8. (D)　　9. (D)
10. (A)　　11. (A)

【練習題】

1. 所屬類型：
   (1) 應計費用　　(2) 預付費用
   (3) 應計收入　　(4) 預收收入
   (5) 預付費用　　(6) 應計費用
   (7) 預付費用

   調整分錄：
   (1) 電信費用　　　　　　　13,000
   　　　應付電信費用　　　　　　　　13,000
   (2) 辦公用品費用　　　　　30,000
   　　　辦公用品　　　　　　　　　　30,000
   (3) 應收帳款　　　　　　 174,000
   　　　服務收入　　　　　　　　　 174,000
   (4) 預收收入　　　　　　　38,000
   　　　收入　　　　　　　　　　　　38,000
   (5) 保險費用　　　　　　　24,000
   　　　預付保險費　　　　　　　　　24,000
   (6) 薪資費用　　　　　　　90,000
   　　　應付薪資　　　　　　　　　　90,000
   (7) 折舊費用　　　　　　　18,000
   　　　累計折舊—辦公設備　　　　　18,000

2. 調整分錄
   (1) 房租費用　　　　　　　24,000
   　　　預付房租　　　　　　　　　　24,000
   (2) 辦公用品費用　　　　　 5,000
   　　　辦公用品　　　　　　　　　　 5,000
   (3) 預收管理費　　　　　　 5,000
   　　　管理費收入　　　　　　　　　 5,000
   (4) 應收利息　　　　　　　 1,000
   　　　利息收入　　　　　　　　　　 1,000
   (5) 利息費用　　　　　　　　 500
   　　　應付利息　　　　　　　　　　　 500

(6)	折舊費用	11,250	
	累計折舊—機器		11,250

3. 調整分錄

(1)	保險費用	7,500	
	預付保險費		7,500
(2)	辦公用品費用	2,800	
	辦公用品		2,800
(3)	預收電腦維護收入	2,250	
	維護費收入		2,250
(4)	應收帳款	6,000	
	服務收入		6,000
(5)	水電費用	800	
	應付水電費		800
(6)	折舊費用	13,800	
	累計折舊—機器		13,800

4. (1) 大正公司調整分錄

a.	辦公用品費用	900	
	辦公用品		900
b.	保險費用	1,000	
	預付保險費		1,000
c.	折舊費用	900	
	累計折舊—建築物		900
d.	折舊費用	1,800	
	累計折舊—辦公設備		1,800
e.	薪資費用	400	
	應付薪資		400
f.	預收服務收入	800	
	服務收入		800
g.	應收帳款	1,000	
	服務收入		1,000

(2) 調整分錄過帳

現金				應付帳款	
15,000					5,500

應收帳款				應付薪資	
8,000				調整	400
調整 1,000					
9,000					

辦公用品				預收服務收入	
1,200	調整 900			調整 800	2,000
300					1,200

預付保險費				普通股	
2,500	調整 1,000				32,000
1,500					

建築物				保留盈餘-1/1	
20,000					3,000

累計折舊—建築物				服務收入	
	8,000				13,000
	調整 900			調整	800
				調整	1,000
	8,900				14,800

辦公設備				廣告費用	
18,000				1,300	
				1,300	

累計折舊—辦公設備				折舊費用	
	3,600		調整	900	
	調整 1,800		調整	1,800	
	5,400			2,700	

辦公用品費用		薪資費用	
調整 900		調整 1,100	
900		調整 400	
		1,500	

		保險費用	
		調整 1,000	
		1,000	

(3) 調整後試算表

大正公司
調整後試算表
×1 年 12 月 31 日

	借方	貸方
現金	$15,000	
應收帳款	9,000	
辦公用品	300	
預付保險費	1,500	
建築物	20,000	
累計折舊—建築物		$8,900
辦公設備	18,000	
累計折舊—辦公設備		5,400
應付帳款		5,500
應付薪資		400
預收服務收入		1,200
普通股		32,000
保留盈餘		3,000
服務收入		14,800
廣告費用	1,300	
折舊費用	2,700	
薪資費用	1,500	
辦公用品費用	900	
保險費用	1,000	
合計	$71,200	$71,200

5. | 調整前淨利 ($256,000 – 116,000) | | $140,000 |
    | 加項：應計收入 | | 88,000 |
    | | | $228,000 |
    | 減項：折舊費用 | $26,000 | |
    | 利息費用 | 16,667 | |
    | 保險費用 | 5,000 | |
    | 水電費用 | 6,600 | (54,267) |
    | 調整後淨利 | | $173,733 |

6. 結帳分錄

×1/12/31	服務收入	278,200	
	本期損益		278,200
×1/12/31	本期損益	61,600	
	薪資費用		40,800
	廣告費用		5,300
	保險費用		2,500
	辦公用品費用		9,200
	折舊費用		3,800
×1/12/31	本期損益	216,600	
	保留盈餘		216,600

7. (1) 調整分錄

	應收帳款	16,800	
	服務收入		16,800
	折舊費用—設備	2,200	
	折舊費用—辦公大樓	12,000	
	累計折舊—設備		2,200
	累計折舊—辦公大樓		12,000
	辦公用品費用	3,900	
	辦公用品		3,900

薪資費用		1,400	
應付薪資			1,400

(2) 結帳分錄

×1/12/31	服務收入	585,000	
	本期損益		585,000
×1/12/31	本期損益	67,500	
	薪資費用		49,400
	折舊費用—設備		2,200
	折舊費用—辦公大樓		12,000
	辦公用品費用		3,900
×1/12/31	本期損益	517,500	
	保留盈餘		517,500

(3) (股本) $244,800 + (保留盈餘) ($33,000 + $517,500) = $795,300

8.

<table>
<tr><td colspan="7" align="center">歐盟公司
工作底稿
×1年12月31日</td></tr>
<tr><td rowspan="2">會計項目</td><td colspan="2" align="center">調整後試算表</td><td colspan="2" align="center">綜合損益表</td><td colspan="2" align="center">資產負債表</td></tr>
<tr><td align="center">借方</td><td align="center">貸方</td><td align="center">借方</td><td align="center">貸方</td><td align="center">借方</td><td align="center">貸方</td></tr>
<tr><td>現金</td><td>$ 641,040</td><td></td><td></td><td></td><td>$641,040</td><td></td></tr>
<tr><td>應收帳款</td><td>414,800</td><td></td><td></td><td></td><td>414,800</td><td></td></tr>
<tr><td>預付租金</td><td>68,600</td><td></td><td></td><td></td><td>68,600</td><td></td></tr>
<tr><td>設備</td><td>461,000</td><td></td><td></td><td></td><td>461,000</td><td></td></tr>
<tr><td>累計折舊</td><td></td><td>$ 98,420</td><td></td><td></td><td></td><td>$ 98,420</td></tr>
<tr><td>應付票據</td><td></td><td>364,000</td><td></td><td></td><td></td><td>364,000</td></tr>
<tr><td>應付帳款</td><td></td><td>319,440</td><td></td><td></td><td></td><td>319,440</td></tr>
<tr><td>應付薪資</td><td></td><td>12,000</td><td></td><td></td><td></td><td>12,000</td></tr>
<tr><td>股本</td><td></td><td>600,000</td><td></td><td></td><td></td><td>600,000</td></tr>
<tr><td>保留盈餘</td><td></td><td>82,200</td><td></td><td></td><td></td><td>82,200</td></tr>
<tr><td>服務收入</td><td></td><td>338,800</td><td></td><td>$338,800</td><td></td><td></td></tr>
<tr><td>薪資費用</td><td>117,800</td><td></td><td>$117,800</td><td></td><td></td><td></td></tr>
<tr><td>租金費用</td><td>98,200</td><td></td><td>98,200</td><td></td><td></td><td></td></tr>
<tr><td>折舊費用</td><td>13,420</td><td></td><td>13,420</td><td></td><td></td><td></td></tr>
<tr><td>利息費用</td><td>51,140</td><td></td><td>51,140</td><td></td><td></td><td></td></tr>
<tr><td>應付利息</td><td></td><td>51,140</td><td></td><td></td><td></td><td>51,140</td></tr>
<tr><td>總額</td><td>$1,866,000</td><td>$1,866,000</td><td>280,560</td><td>338,800</td><td>1,585,440</td><td>1,527,200</td></tr>
<tr><td>淨利</td><td></td><td></td><td>58,240</td><td></td><td></td><td>58,240</td></tr>
<tr><td>總額</td><td></td><td></td><td>$338,800</td><td>$338,800</td><td>$1,585,440</td><td>$1,585,440</td></tr>
</table>

9.

歐盟公司
綜合損益表
×1 年 1 月 1 日至 12 月 31 日

收入：		
服務收入		$338,800
費用：		
薪資費用	$117,800	
租金費用	98,200	
折舊費用	13,420	
利息費用	51,140	
費用合計		(280,560)
本期淨利		$ 58,240
其他綜合損益		0
本期綜合損益總額		$ 58,240

歐盟公司
權益變動表
×1 年 1 月 1 日至 12 月 31 日

	股本	保留盈餘	權益合計
期初權益	$600,000	$ 82,200	$682,200
加：本期淨利	—	58,240	58,240
期末餘額	$600,000	$140,440	$740,440

歐盟公司
資產負債表
×1 年 12 月 31 日

資產			負債	
現金		$ 641,040	應付票據	$ 364,000
應收帳款		414,800	應付帳款	319,440
預付租金		68,600	應付薪資	12,000
設備	$461,000		應付利息	51,140
累計折舊—設備	(98,420)		負債合計	$ 746,580
設備淨額		362,580	權益	
			股本	$ 600,000
			保留盈餘	140,440
			權益合計	$ 740,440
資產總計		$1,487,020	負債及權益總計	$1,487,020

10. (1)

    a. ×1/12/31   服務收入   338,800

                    本期損益   338,800

    b. ×1/12/31   本期損益   280,560

                    薪資費用   117,800

                    租金費用   98,200

                    折舊費用   13,420

                    利息費用   51,140

    c. ×1/12/31   本期損益   58,240

                    保留盈餘   58,240

(2)

本期損益				保留盈餘			
(b)	280,560	(a)	338,800			×1/1/1	82,200
(c)	58,240					(c)	58,240
	338,800		338,800			Bal.	140,440

(3)

歐盟公司
結帳後試算表
×1年12月31日

	借方	貸方
現金	$ 641,040	
應收帳款	414,800	
預付租金	68,600	
設備	461,000	
累計折舊		$ 98,420
應付票據		364,000
應付帳款		319,440
應付薪資		12,000
應付利息		51,140
股本		600,000
保留盈餘		140,440
合計	$1,585,440	$1,585,440

【應用問題】

1. (1) 5月31日　應收帳款　　　　　90,000
　　　　　　　　服務收入　　　　　　　　　90,000

(2) 5月31日　折舊費用　　　　　2,500
　　　　　　累計折舊—設備　　　　　　　2,500

(3) 5月31日　保險費用　　　　　7,200
　　　　　　預付保險費　　　　　　　　　7,200

(4) 5月31日　利息費用　　　　　3,333
　　　　　　應付利息　　　　　　　　　　3,333

(5) 5月31日　辦公用品費用　　　24,120
　　　　　　辦公用品　　　　　　　　　　24,120

(6) 5月31日　預收租金收入　　　16,500
　　　　　　租金收入　　　　　　　　　　16,500

2. (1)

日記簿　　　　　　　　　　　　　　　　J1

日期	會計項目及摘要	索引	借方	貸方
8/5	應付薪資	212	5,000	
	薪資費用	726	16,000	
	現金	101		21,000
8/7	現金	101	40,500	
	應收帳款	112		40,500
8/9	現金	101	95,000	
	服務收入	407		95,000
8/12	設備	153	90,000	
	應付帳款	201		90,000
8/17	辦公用品	126	19,000	
	應付帳款	201		19,000

8/19	應付帳款	201	25,000	
	現金	101		25,000
8/22	租金費用	729	6,500	
	現金	101		6,500
8/26	薪資費用	726	10,000	
	現金	101		10,000
8/27	應收帳款	112	14,000	
	服務收入	407		14,000
8/30	現金	101	3,500	
	預收服務收入	209		3,500

(2) 及 (4)

現金　　　　　　　　　　　　　　　　101

日期	摘要	索引	借方	貸方	餘額
8/1					78,600
8/5				21,000	57,600
8/7			40,500		98,100
8/9			95,000		193,100
8/19				25,000	168,100
8/22				6,500	161,600
8/26				10,000	151,600
8/30			3,500		155,100

應收票據　　　　　　　　　　　　　　111

日期	摘要	索引	借方	貸方	餘額
8/1					40,000

應收帳款　　　　　　　　　　　　　　112

日期	摘要	索引	借方	貸方	餘額
8/1					67,660
8/7				40,500	27,160
8/27			14,000		41,160

辦公用品　126

日期	摘要	索引	借方	貸方	餘額
8/1					68,000
8/17			19,000		87,000
8/31				65,000	22,000

設備　153

日期	摘要	索引	借方	貸方	餘額
8/1					100,000
8/12			90,000		190,000

累計折舊　154

日期	摘要	索引	借方	貸方	餘額
8/1					5,000
8/31				1,200	6,200

應付帳款　201

日期	摘要	索引	借方	貸方	餘額
8/1					71,000
8/12				90,000	161,000
8/17				19,000	180,000
8/19			25,000		155,000
8/31				1,800	156,800

預收服務收入　209

日期	摘要	索引	借方	貸方	餘額
8/1					25,260
8/30				3,500	28,760
8/31			14,500		14,260

應付薪資　212

日期	摘要	索引	借方	貸方	餘額
8/1					5,000
8/5			5,000		0
8/31				6,600	6,600

股本　　　　　　　　　　　　　　　　　　311

日期	摘要	索引	借方	貸方	餘額
8/1					220,000

保留盈餘　　　　　　　　　　　　　　　320

日期	摘要	索引	借方	貸方	餘額
8/1					28,000

服務收入　　　　　　　　　　　　　　　407

日期	摘要	索引	借方	貸方	餘額
8/9				95,000	95,000
8/27				14,000	109,000
8/31				14,500	123,500

折舊費用　　　　　　　　　　　　　　　615

日期	摘要	索引	借方	貸方	餘額
8/31			1,200		1,200

辦公用品費用　　　　　　　　　　　　　631

日期	摘要	索引	借方	貸方	餘額
8/31			65,000		65,000

薪資費用　　　　　　　　　　　　　　　726

日期	摘要	索引	借方	貸方	餘額
8/5			16,000		16,000
8/26			10,000		26,000
8/31			6,600		32,600

租金費用　　　　　　　　　　　　　　　729

日期	摘要	索引	借方	貸方	餘額
8/22			6,500		6,500

水電費用　　　　　　　　　　　　　　　735

日期	摘要	索引	借方	貸方	餘額
8/31			1,800		1,800

(3) 調整分錄

8/31	水電費用		1,800	
	應付帳款			1,800
8/31	辦公用品費用		65,000	
	辦公用品			65,000
8/31	薪資費用		6,600	
	應付薪資			6,600
8/31	折舊費用		1,200	
	累計折舊			1,200
8/31	預收服務收入		14,500	
	服務收入			14,500

(5)

成太公司
調整後試算表
××年8月31日

	借方	貸方
現金	$155,100	
應收票據	40,000	
應收帳款	41,160	
辦公用品	22,000	
設備	190,000	
累計折舊		$ 6,200
應付帳款		156,800
預收服務收入		14,260
應付薪資		6,600
股本		220,000
保留盈餘		28,000
服務收入		123,500
折舊費用	1,200	
辦公用品費用	65,000	
薪資費用	32,600	
租金費用	6,500	
水電費用	1,800	
合計	$555,360	$555,360

3. (1)

成太公司
綜合損益表
××年8月1日至8月31日

收入：		
服務收入		$123,500
費用：		
折舊費用	$ 1,200	
辦公用品費用	65,000	
薪資費用	32,600	
租金費用	6,500	
水電費用	1,800	
費用合計		(107,100)
本期淨利		$ 16,400
其他綜合損益		0
本期綜合損益總額		$ 16,400

<table>
<tr><td colspan="4" align="center">成太公司
權益變動表
××年8月1日至8月31日</td></tr>
<tr><td></td><td>股本</td><td>保留盈餘</td><td>權益合計</td></tr>
<tr><td>期初餘額（8/1）</td><td>$220,000</td><td>$28,000</td><td>$248,000</td></tr>
<tr><td>加：本期淨利</td><td></td><td>16,400</td><td>16,400</td></tr>
<tr><td>期末餘額（8/31）</td><td>$220,000</td><td>$44,400</td><td>$264,400</td></tr>
</table>

<table>
<tr><td colspan="4" align="center">成太公司
資產負債表
××年8月31日</td></tr>
<tr><td colspan="2">資產</td><td colspan="2">負債</td></tr>
<tr><td>現金</td><td>$155,100</td><td>應付帳款</td><td>$156,800</td></tr>
<tr><td>應收票據</td><td>40,000</td><td>預收服務收入</td><td>14,260</td></tr>
<tr><td>應收帳款</td><td>41,160</td><td>應付薪資</td><td>6,600</td></tr>
<tr><td>辦公用品</td><td>22,000</td><td>負債合計</td><td>$177,660</td></tr>
<tr><td>設備　　　　$190,000</td><td></td><td>權益</td><td></td></tr>
<tr><td>累計折舊—設備　(6,200)</td><td></td><td>股本</td><td>$220,000</td></tr>
<tr><td>設備淨額</td><td>183,800</td><td>保留盈餘</td><td>44,400</td></tr>
<tr><td></td><td></td><td>權益合計</td><td>$264,400</td></tr>
<tr><td>資產總計</td><td>$442,060</td><td>負債及權益總計</td><td>$442,060</td></tr>
</table>

(2) 結帳分錄

(a) 8月31日　服務收入　　　　　123,500
　　　　　　　　本期損益　　　　　　　　　123,500

(b) 8月31日　本期損益　　　　　107,100
　　　　　　　　折舊費用　　　　　　　　　1,200
　　　　　　　　辦公用品費用　　　　　　　65,000
　　　　　　　　薪資費用　　　　　　　　　32,600
　　　　　　　　租金費用　　　　　　　　　6,500
　　　　　　　　水電費用　　　　　　　　　1,800

(c) 8月31日　本期損益　　　　　16,400
　　　　　　　　保留盈餘　　　　　　　　　16,400

(3)

本期損益				保留盈餘	
(b)	107,100	(a)	123,500		28,000
(c)	16,400			(c) 16,400	
	123,500		123,500		Bal. 44,400

(4)

成太公司
結帳後試算表
××年 8 月 31 日

	借方	貸方
現金	$155,100	
應收票據	40,000	
應收帳款	41,160	
辦公用品	22,000	
設備	190,000	
累計折舊—設備		$ 6,200
應付帳款		156,800
預收服務收入		14,260
應付薪資		6,600
股本		220,000
保留盈餘		44,400
總額	$448,260	$448,260

4. (1)

結帳分錄

(a) 6 月 30 日　服務收入　　　　　　1,585,500
　　　　　　　　　本期損益　　　　　　　　　　　1,585,500

(b) 6 月 30 日　本期損益　　　　　　　779,700
　　　　　　　　　折舊費用—設備　　　　　　　　　69,000
　　　　　　　　　折舊費用—辦公大樓　　　　　　　37,100
　　　　　　　　　薪資費用　　　　　　　　　　　355,000
　　　　　　　　　保險費用　　　　　　　　　　　 99,100
　　　　　　　　　利息費用　　　　　　　　　　　 81,700
　　　　　　　　　水電費用　　　　　　　　　　　 69,000
　　　　　　　　　辦公用品費用　　　　　　　　　 68,800

(c) 6 月 30 日　本期損益　　　　　　　805,800
　　　　　　　　　保留盈餘　　　　　　　　　　　805,800

(2)

本期損益				保留盈餘	
(b)	779,700	(a)	1,585,500		0
(c)	805,800			(c)	805,800
	1,585,500		1,585,500		Bal. 805,800

(3)

全家服務公司
結帳後試算表
X1年6月30日

	借方	貸方
現金	$ 286,300	
應收帳款	820,000	
辦公用品	106,900	
預付保險費	22,900	
設備	958,950	
累計折舊—設備		$ 372,450
辦公大樓	1,486,600	
累計折舊—辦公大樓		365,200
土地	1,100,000	
應付帳款		195,500
應付利息		22,800
應付薪資		12,300
預收服務收入		36,600
應付票據（長期）		699,000
股本		2,272,000
保留盈餘		805,800
總額	$4,781,650	$4,781,650

5.

橋登保險公司
綜合損益表
XX年8月1日至8月31日

收入		
保險金 ($988,000 + $100,000)		$1,088,000
費用		
薪資費用 ($130,000 + $138,000)	$268,000	
廣告費用	30,000	
租金費用	94,000	
折舊費用 ($36,000 + $9,733)	45,733	
利息費用	10,000	
水電費用 ($0 + $35,000)	35,000	
辦公用品費用 ($0 + $90,000 + $20,000 − $15,000)	95,000	
費用合計		(577,733)
本期淨利		$ 510,267
其他綜合損益		0
本期綜合損益總額		$ 510,267

6. (1)

<table>
<tr><td colspan="3" align="center">碼雅公司
綜合損益表
××年1月1日至12月31日</td></tr>
<tr><td>收入：</td><td></td><td></td></tr>
<tr><td>　服務收入</td><td></td><td>$ 78,800</td></tr>
<tr><td>費用：</td><td></td><td></td></tr>
<tr><td>　維修費用</td><td>$ 6,000</td><td></td></tr>
<tr><td>　折舊費用</td><td>5,600</td><td></td></tr>
<tr><td>　保險費用</td><td>3,100</td><td></td></tr>
<tr><td>　薪資費用</td><td>72,000</td><td></td></tr>
<tr><td>　水電費用</td><td>9,990</td><td></td></tr>
<tr><td>　利息費用</td><td>10,000</td><td></td></tr>
<tr><td>　費用合計</td><td></td><td>(106,690)</td></tr>
<tr><td>本期淨損</td><td></td><td>$ (27,890)</td></tr>
<tr><td>其他綜合損益</td><td></td><td>0</td></tr>
<tr><td>本期綜合損益總額</td><td></td><td>$ (27,890)</td></tr>
</table>

<table>
<tr><td colspan="4" align="center">碼雅公司
權益變動表
××年1月1日至12月31日</td></tr>
<tr><td></td><td>股本</td><td>保留盈餘</td><td>權益合計</td></tr>
<tr><td>期初餘額</td><td>$60,000</td><td>$30,000</td><td>$90,000</td></tr>
<tr><td>加：本期純益</td><td></td><td>(27,890)</td><td>(27,890)</td></tr>
<tr><td>期末餘額</td><td>$60,000</td><td>$ 2,110</td><td>$62,110</td></tr>
</table>

碼雅公司
資產負債表
××年 12 月 31 日

資產			負債	
現金		$25,110	應付帳款	$17,600
應收帳款		21,000	應付薪資	9,000
預付保險金		3,600	負債合計	$26,600
設備	$56,800		權益	
累計折舊—設備	(17,800)		股本	$60,000
設備淨額		39,000	保留盈餘	2,110
			權益合計	$62,110
資產總計		$88,710	負債及權益總計	$88,710

(2)

日期	會計項目	會計項目代碼	借方	貸方
12 月 31 日	服務收入	400	78,800	
	本期損益	350		78,800
12 月 31 日	本期損益	350	106,690	
	維修費用	622		6,000
	折舊費用	711		5,600
	保險費用	722		3,100
	薪資費用	726		72,000
	水電費用	732		9,990
	利息費用	750		10,000
12 月 31 日	保留盈餘	320	27,890	
	本期損益	350		27,890

(3)

		保留盈餘	320
12/31	27,890	1/1 Bal.	30,000
		12/31 Bal.	2,110

		本期損益	350
12/31	106,690	12/31	78,800
		12/31	27,890
	106,690		106,690

		服務收入	400
12/31	78,800	12/31 Bal.	78,800

		維修費用	622
12/31 Bal.	6,000	12/31	6,000

		折舊費用	711
12/31 Bal.	5,600	12/31	5,600

		保險費用	722
12/31 Bal.	3,100	12/31	3,100

		薪資費用	726
12/31 Bal.	72,000	12/31	72,000

		水電費用	732
12/31 Bal.	9,990	12/31	9,990

		利息費用	750
12/31 Bal.	10,000	12/31	10,000

(4)

碼雅公司
結帳後試算表
××年12月31日

	借方	貸方
現金	$25,110	
應收帳款	21,000	
預付保險金	3,600	
設備	56,800	
累計折舊—設備		$17,800
應付帳款		17,600
應付薪資		9,000
股本		60,000
保留盈餘		2,110
總額	$106,510	$106,510

7. (1)

調整分錄　　　　　　　　　　J1

日期	會計項目及摘要	索引	借方	貸方
12/31	折舊費用—房屋	620	12,000	
	累計折舊—房屋	144		12,000
12/31	折舊費用—家具	621	9,600	
	累計折舊—家具	150		9,600
12/31	辦公用品費用	631	43,000	
	辦公用品	126		43,000
12/31	保險費用	722	16,500	
	預付保險費	130		16,500
12/31	預收租金收入	208	48,000	
	租金收入	429		48,000

12/31	應收帳款	112	2,800	
	租金收入	429		2,800
12/31	薪資費用	726	7,000	
	應付薪資	212		7,000
12/31	利息費用	718	8,333	
	應付利息	230		8,333
	($1,000,000 × 10% × 1/12 = $8,333)			

(2)

現金　　　　　　　　　　　　　　　　　　　　　101

日期	摘要	索引	借方	貸方	餘額
12/31		∨			946,000

應收帳款　　　　　　　　　　　　　　　　　　112

日期	摘要	索引	借方	貸方	餘額
12/31		J1	2,800		2,800

辦公用品　　　　　　　　　　　　　　　　　　126

日期	摘要	索引	借方	貸方	餘額
12/31		∨			63,000
12/31		J1		43,000	20,000

預付保險費　　　　　　　　　　　　　　　　　130

日期	摘要	索引	借方	貸方	餘額
12/31		∨			60,000
12/31		J1		16,500	43,500

房屋　　　　　　　　　　　　　　　　　　　　143

日期	摘要	索引	借方	貸方	餘額
12/31		∨			1,270,000

累計折舊—房屋　　　　　　　　　　　　　　　　　144

日期	摘要	索引	借方	貸方	餘額
12/31		J1		12,000	12,000

家具　　　　　　　　　　　　　　　　　　　　　149

日期	摘要	索引	借方	貸方	餘額
12/31		∨			380,800

累計折舊—家具　　　　　　　　　　　　　　　　150

日期	摘要	索引	借方	貸方	餘額
12/31		J1		9,600	9,600

應付帳款　　　　　　　　　　　　　　　　　　　201

日期	摘要	索引	借方	貸方	餘額
12/31		∨			133,000

預收租金收入　　　　　　　　　　　　　　　　　208

日期	摘要	索引	借方	貸方	餘額
12/31		∨			74,000
12/31		J1	48,000		26,000

應付薪資　　　　　　　　　　　　　　　　　　　212

日期	摘要	索引	借方	貸方	餘額
12/31		J1		7,000	7,000

應付利息　　　　　　　　　　　　　　　　　　　230

日期	摘要	索引	借方	貸方	餘額
12/31		J1		8,333	8,333

應付抵押款　　　　　　　　　　　　　　　　　　275

日期	摘要	索引	借方	貸方	餘額
12/31		∨			1,000,000

股本　311

日期	摘要	索引	借方	貸方	餘額
12/31		✓			1,500,000

租金收入　429

日期	摘要	索引	借方	貸方	餘額
12/31		✓			681,800
12/31		J1		48,000	729,800
12/31		J1		2,800	732,600

折舊費用—房屋　620

日期	摘要	索引	借方	貸方	餘額
12/31		J1	12,000		12,000

折舊費用—家具　621

日期	摘要	索引	借方	貸方	餘額
12/31		J1	9,600		9,600

維修費用　622

日期	摘要	索引	借方	貸方	餘額
12/31					44,000

辦公用品費用　631

日期	摘要	索引	借方	貸方	餘額
12/31		J1	43,000		43,000

利息費用　718

日期	摘要	索引	借方	貸方	餘額
12/31		J1	8,333		8,333

保險費用　722

日期	摘要	索引	借方	貸方	餘額
12/31		J1	16,500		16,500

薪資費用　　　　　　　　　　　　　　　726

日期	摘要	索引	借方	貸方	餘額
12/31		✓			510,000
12/31		J1	7,000		517,000

水電費用　　　　　　　　　　　　　　　732

日期	摘要	索引	借方	貸方	餘額
12/31		✓			115,000

(3)

典晶品企業
調整後試算表
×1 年 12 月 31 日

	借方	貸方
現金	$ 946,000	
應收帳款	2,800	
辦公用品	20,000	
預付保險費	43,500	
房屋	1,270,000	
累計折舊—房屋		$ 12,000
家具	380,800	
累計折舊—家具		9,600
應付帳款		133,000
預收租金收入		26,000
應付薪資		7,000
應付利息		8,333
應付抵押款		1,000,000
股本		1,500,000
租金收入		732,600
薪資費用	517,000	
水電費用	115,000	
維修費用	44,000	
保險費用	16,500	
辦公用品費用	43,000	
折舊費用—房屋	12,000	
折舊費用—家具	9,600	
利息費用	8,333	
餘額	$3,428,533	$3,428,533

(4)

典晶品企業
綜合損益表
×1 年 10 月 1 日至 12 月 31 日

收入：		
租金收入		$732,600
費用：		
薪資費用	$517,000	
水電費用	115,000	
維修費用	44,000	
保險費用	16,500	
辦公用品費用	43,000	
折舊費用—房屋	12,000	
折舊費用—家具	9,600	
利息費用	8,333	
費用合計		(765,433)
本期淨損		$ (32,833)
其他綜合損益		0
本期綜合損益總額		$ (32,833)

典晶品企業
權益變動表
×1 年 10 月 1 日至 12 月 31 日

	股本	保留盈餘	權益合計
期初餘額	$1,500,000	$　　 0	$1,500,000
加：本期純益	—	(32,833)	(32,833)
期末餘額	$1,500,000	$(32,833)	$1,467,167

典晶品企業
資產負債表
×1 年 12 月 31 日

資產			負債	
現金		$ 946,000	應付帳款	$ 133,000
應收帳款		2,800	預收租金收入	26,000
辦公用品		20,000	應付薪資	7,000
預付保險費		43,500	應付利息	8,333
房屋	$1,270,000		應付抵押款	1,000,000
累計折舊—房屋	(12,000)	1,258,000	負債合計	$1,174,333
家具	$ 380,800		權益	
累計折舊—家具	(9,600)	371,200	股本	$1,500,000
			保留盈餘	(32,833)
			權益合計	$1,467,167
資產總計		$2,641,500	負債及權益總計	$2,641,500

8. (1)

日期	會計項目	借方	貸方
12 月 31 日	租金收入	732,600	
	本期損益		732,600
12 月 31 日	本期損益	765,433	
	薪資費用		517,000
	水電費用		115,000
	維修費用		44,000
	保險費用		16,500
	辦公用品費用		43,000
	折舊費用—房屋		12,000
	折舊費用—家具		9,600
	利息費用		8,333
12 月 31 日	保留盈餘	32,833	
	本期損益		32,833

(2)

保留盈餘			320
12/31	32,833	10/1 Bal.	0
12/31 Bal.	32,833		

本期損益			
12/31	765,433	12/31	732,600
		12/31	32,833
	765,433		765,433

租金收入			429
12/31	732,600	12/31 Bal.	732,600

折舊費用—房屋			620
12/31 Bal.	12,000	12/31	12,000

折舊費用—家具			621
12/31 Bal.	9,600	12/31	9,600

維修費用			622
12/31 Bal.	44,000	12/31	44,000

辦公用品費用			631
12/31 Bal.	43,000	12/31	43,000

利息費用			718
12/31 Bal.	8,333	12/31	8,333

保險費用			722
12/31 Bal.	16,500	12/31	16,500

	薪資費用		726
12/31 Bal.	517,000	12/31	517,000

	水電費用		732
12/31 Bal.	115,000	12/31	115,000

(3)

典晶品企業
結帳後試算表
×1 年 12 月 31 日

	借方	貸方
現金	$ 946,000	
應收帳款	2,800	
辦公用品	20,000	
預付保險費	43,500	
房屋	1,270,000	
累計折舊—房屋		$ 12,000
家具	380,800	
累計折舊—家具		9,600
應付帳款		133,000
預收租金收入		26,000
應付薪資		7,000
應付利息		8,333
應付抵押款		1,000,000
股本		1,500,000
保留盈餘		(32,833)
總額	$2,663,100	$2,663,100

9. (1)

日期	會計項目	借方	貸方
12月31日	應收帳款	10,000	
	服務收入		10,000
12月31日	租金費用	9,000	
	預付租金		9,000
12月31日	折舊費用—設備	7,500	
	累計折舊—設備		7,500
12月31日	薪資費用	7,000	
	應付薪資		7,000
12月31日	利息費用	2,100	
	應付利息		2,100
12月31日	預收服務收入	1,000	
	服務收入		1,000
12月31日	水電費用	5,000	
	應付帳款		5,000
12月31日	辦公用品費用	4,000	
	辦公用品		4,000

(2)

日期	會計項目	借方	貸方
12月31日	服務收入	94,500	
	本期損益		94,500
12月31日	本期損益	77,200	
	薪資費用		25,600
	水電費用		23,000
	租金費用		15,000
	辦公用品費用		4,000
	折舊費用─設備		7,500
	利息費用		2,100
12月31日	本期損益	17,300	
	保留盈餘		17,300

(3)

保留盈餘

		1/1 Bal.	0
		12/31	17,300
		12/31 Bal.	17,300

本期損益

12/31	77,200	12/31	94,500
12/31	17,300		
	94,500		94,500

服務收入

12/31	94,500	12/31 Bal.	94,500

薪資費用

12/31 Bal.	25,600	12/31	25,600

水電費用

| 12/31 Bal. | 23,000 | 12/31 | 23,000 |

租金費用

| 12/31 Bal. | 15,000 | 12/31 | 15,000 |

辦公用品費用

| 12/31 Bal. | 4,000 | 12/31 | 4,000 |

折舊費用—設備

| 12/31 Bal. | 7,500 | 12/31 | 7,500 |

利息費用

| 12/31 Bal. | 2,100 | 12/31 | 2,100 |

(4)

科男公司
結帳後試算表
×1 年 12 月 31 日

會計項目	借方	貸方
現金	$ 72,000	
應收帳款	49,000	
預付租金	12,000	
辦公用品	8,000	
設備	270,000	
累計折舊—設備		$ 27,000
應付帳款		32,000
應付票據		150,000
應付利息		2,100
應付薪資		7,000
預收服務收入		43,600
股本		132,000
保留盈餘		17,300
總額	$411,000	$411,000

5 Chapter 買賣業會計與存貨會計處理——永續盤存制

【問答題】

1. 服務業的損益表大致上是服務收入減去各項費用,即可得到當期損益。買賣業賣貨品給客戶,買賣業本身需要購買這些貨品,這是一項重大的成本,另外公司也需要購買辦公大樓、辦公設備等等與服務業一樣的資產才能營業。因此買賣業的損益則是分為兩階段計算,銷貨收入減去銷貨成本等於銷貨毛利,再減去與服務業類似的各類費用,才得到當期損益。

2. 購買商品時,存貨增加,因此借記存貨;在銷貨時也立刻記錄存貨的減少。這種作法好像是隨時在帳上追蹤(盤點)存貨剩下多少,因此稱為存貨的永續盤存制。

3. 起運點交貨(FOB shipping point)是指在起運地就算賣方將貨品交給買方,此時商品的所有權已由賣方移轉至買方,因此起運點之後的運費由買方負擔。相反的,目的地交貨(FOB destination)是指到達目的地後,賣方才算將貨品交給買方,此後的商品所有權才由賣方移轉至買方,因此到達目的地之前的運費由賣方負擔。

4. 銷貨退回、銷貨折讓與銷貨折扣。當買方發現進貨商品與訂單不符,將通知賣方將商品退回,此時,對賣方而言,稱為銷貨退回(sales return)。另外一種情況是買方驗收時發現商品有瑕疵,這種情況下一般有兩種處理方式:(1) 如果瑕疵品無法繼續使用,買方公司將商品退回(即進貨退回),對賣方而言,即為銷貨退回。(2) 如果瑕疵品可繼續使用,且賣方願意給予價格折讓,買方公司就收下商品,對賣方而言，稱為銷貨折讓（sales allowance）。再者，賣方為了鼓勵買方早一點付清帳款，雙方同意：如果買方在折扣期間內付款，賣方會給予買方「現金折扣」，這對賣方稱為銷貨折扣（sales discount）。

5. 買賣業的會計循環所需步驟與服務業完全相同，但做調整分錄時須對存貨盤盈或盤虧做處理：盤虧時，借記銷貨成本，貸記存貨；盤盈時，借記存貨，貸記銷貨成本。

【選擇題】

1. (D)　　　　　　2. (C)　　　　　　3. (A)
4. (D)　　　　　　5. (C)　　　　　　6. (C)
7. (B)
8. (B)　　解析：因為超過10天方付款，故沒有獲得折扣
9. (C)　　　　　　10. (B)　　　　　11. (C)
12. (B)　　　　　 13. (C)　　　　　14. (B)

【練習題】

1. (1) ○○×○×
   (2) ×○××○
   (3) ××○×○

2.
日期	科目	借方	貸方
10/1	存貨	20,000	
	應付帳款		20,000
10/3	應收帳款	15,000	
	銷貨收入		15,000
	銷貨成本	8,000	
	存貨		8,000
10/5	銷貨運費	500	
	現金		500

10/7	應付帳款	1,000	
	存貨		1,000

10/9	應付帳款	19,000	
	現金		18,620
	存貨		380

10/11	銷貨退回與折讓	2,000	
	應收帳款		2,000
	存貨	1,200	
	銷貨成本		1,200

10/13	現金	12,870	
	銷貨折扣	130	
	應收帳款		13,000

10/17	存貨	30,000	
	應付帳款		30,000

10/20	存貨	800	
	現金		800

10/25	應收帳款	25,000	
	銷貨收入		25,000
	銷貨成本	13,000	
	存貨		13,000

10/28	銷貨退回與折讓	3,000	
	應收帳款		3,000
	存貨	1,600	
	銷貨成本		1,600

10/31	應付帳款	30,000	
	現金		30,000

3.

	6/2	存貨	43,000	
		應付帳款		43,000
	6/7	應付帳款	5,000	
		存貨		5,000
	6/8	存貨	600	
		現金		600
	6/9	應收帳款	78,000	
		銷貨收入		78,000
		銷貨成本	44,000	
		存貨		44,000
	6/11	應付帳款	38,000	
		存貨		380
		現金		37,620
	6/16	銷貨退回與折讓	16,000	
		應收帳款		16,000
	6/23	現金	60,760	
		銷貨折扣	1,240	
		應收帳款		62,000

4. (1) 分錄

(a)	存貨	150	
	現金		10
	應付票據		30
	應付帳款		110
(b)	應付帳款	15	
	存貨		15
(c)	存貨	29.7	
	現金		29.7
(d)	應付帳款	135	
	現金		132.3
	存貨		2.7

(e)	現金	200	
	應收帳款	700	
	銷貨收入		900
	銷貨成本	180	
	存貨		180
(f)	銷貨退回與折讓	30	
	應收帳款		30
	存貨	6	
	銷貨成本		6
(g)	用品	15	
	現金		15
(h)	現金	388	
	銷貨折扣	12	
	應收帳款		400
(i)	存貨	120	
	應付帳款		120
(j)	薪資費用	40	
	現金		40
(k)	現金	600	
	銷貨收入		600
	銷貨成本	120	
	存貨		120
(l)	應付帳款	150	
	現金		150

(2) 過帳

現金			
期初	200	(a)	10
(e)	200	(c)	29.7
(h)	388	(d)	132.3
(k)	600	(g)	15
		(j)	40
		(l)	150
	1,011		

應收帳款			
期初	150	(f)	30
(e)	700	(h)	400
	420		

存貨			
期初	72	(b)	15
(a)	150	(d)	2.7
(c)	29.7	(e)	180
(f)	6	(k)	120
(i)	120		
	60	調整	6
	54		

用品			
期初	10		
(g)	15		
	25	調整	15
	10		

預付租金			
期初	60		
	60	調整	40
	20		

土地			
期初	400		
	400		

設備			
期初	250		
	250		

累計折舊—設備			
		期初	100
			100
		調整	25
			125

應付帳款			
(b)	15	期初	140
(d)	135	(a)	110
(l)	150	(i)	120
			70

應付票據			
		期初	110
		(a)	30
			140

長期抵押應付款			
		期初	200
			200

股本			
		期初	510
			510

保留盈餘				本期損益			
	期初	82		結帳	462	結帳	1,500
		82		結帳	1,038		
	結帳	1,038					
		1,120					

銷貨收入				銷貨退回與折讓			
	(e)	900		(f)	30		
	(k)	600			30	結帳	300
結帳	1,500	1,500					

銷貨折扣				銷貨成本			
(h)	12			(e)	180	(f)	6
	12	結帳	30	(k)	120		
					294		
				調整	6		
					300	結帳	300

租金費用				薪資費用			
調整	40	結帳	40	(j)	40		
					40	結帳	40

用品費用				折舊費用			
調整	15	結帳	15	調整	25	結帳	25

(3) 調整分錄並過帳

| 用品費用 | 15 | |
| 　用品 | | 15 |

| 租金費用 | 40 | |
| 　預付租金 | | 40 |

| 折舊費用 | 25 | |
| 　累計折舊—設備 | | 25 |

| 銷貨成本 | 6 | |
| 　存貨 | | 6 |

(4) 調整後試算表

大穎公司
調整後試算表
×1年12月31日

	借方	貸方
現金	$1,011	
應收帳款	420	
存貨	54	
用品	10	
預付租金	20	
土地	400	
設備	250	
累計折舊—設備		$125
應付帳款		70
應付票據		140
長期抵押應付款		200
股本		510
保留盈餘		82
本期損益		0
銷貨收入		1,500
銷貨退回與折讓	30	
銷貨折扣	12	
銷貨成本	300	
租金費用	40	
薪資費用	40	
用品費用	15	
折舊費用	25	
總計	$2,627	$2,627

(5) 結帳分錄

12/31　銷貨收入　　　　　　1,500
　　　　　本期損益　　　　　　　　　1,500

本期損益		462
銷貨退回與折讓		30
銷貨折扣		12
銷貨成本		300
租金費用		40
薪資費用		40
用品費用		15
折舊費用		25
本期損益		1,038
保留盈餘		1,038

(6) 綜合損益表

大穎公司
綜合損益表
×1年度

銷貨收入		$1,500
銷貨退回與折讓	$30	
銷貨折扣	12	(42)
銷貨收入淨額		$1,458
銷貨成本		(300)
銷貨毛利		$1,158
營業費用		
租金費用	$40	
薪資費用	40	
用品費用	15	
折舊費用	25	(120)
本期淨利		$1,038
其他綜合損益		0
本期綜合損益總額		$1,038

(7) 權益變動表

<table>
<tr><td colspan="4" align="center">大穎公司
權益變動表
×1年度</td></tr>
<tr><td></td><td align="center">股本</td><td align="center">保留盈餘</td><td align="center">權益合計</td></tr>
<tr><td>期初餘額</td><td>$510</td><td>$ 82</td><td>$ 592</td></tr>
<tr><td>本期淨利</td><td></td><td>1,038</td><td>1,038</td></tr>
<tr><td>期末餘額</td><td>$510</td><td>$1,120</td><td>$1,630</td></tr>
</table>

(8) 資產負債表

<table>
<tr><td colspan="4" align="center">大穎公司
資產負債表
×1年12月31日</td></tr>
<tr><td colspan="2">資產</td><td colspan="2">負債</td></tr>
<tr><td colspan="2">流動資產</td><td colspan="2">流動負債</td></tr>
<tr><td>　現金</td><td>$1,011</td><td>　應付帳款</td><td>$ 70</td></tr>
<tr><td>　應收帳款</td><td>420</td><td>　應付票據</td><td>140</td></tr>
<tr><td>　存貨</td><td>54</td><td>　流動負債合計</td><td>$210</td></tr>
<tr><td>　用品</td><td>10</td><td>非流動負債</td><td></td></tr>
<tr><td>　預付租金</td><td>20</td><td>　長期抵押應付款</td><td>$200</td></tr>
<tr><td>　流動資產合計</td><td>$1,515</td><td>　非流動負債合計</td><td>200</td></tr>
<tr><td>不動產、廠房及設備</td><td></td><td>　負債合計</td><td>$410</td></tr>
<tr><td>　土地</td><td>$400</td><td>權益</td><td></td></tr>
<tr><td>　設備 $250</td><td></td><td>　股本</td><td>$ 510</td></tr>
<tr><td>　累計折舊—設備 (125)</td><td>125</td><td>　保留盈餘</td><td>1,120</td></tr>
<tr><td>　不動產、廠房及設備合計</td><td>525</td><td>　權益合計</td><td>1,630</td></tr>
<tr><td>資產總計</td><td>$2,040</td><td>負債及權益總計</td><td>$2,040</td></tr>
</table>

5. (1) 結帳分錄

    ① 銷貨收入 　　　　　　55,000
          本期損益 　　　　　　　　　　　55,000

    ② 本期損益 　　　　　　48,600
          銷貨退回與折讓 　　　　　　　　1,800
          銷貨折扣 　　　　　　　　　　　　400
          銷貨成本 　　　　　　　　　　36,000
          折舊費用 　　　　　　　　　　　2,000
          辦公用品費用 　　　　　　　　　　400
          薪資費用 　　　　　　　　　　　5,000
          租金費用 　　　　　　　　　　　3,000

    ③ 本期損益 　　　　　　 6,400
          保留盈餘 　　　　　　　　　　　6,400

(2) 綜合損益表

大彥公司
綜合損益表
×1年度

銷貨收入		$55,000
減：銷貨退回與折讓	$1,800	
銷貨折扣	400	(2,200)
淨銷貨		$52,800
減：銷貨成本		(36,000)
銷貨毛利		16,800
減：銷管費用		
折舊費用	$2,000	
辦公用品費用	400	
薪資費用	5,000	
租金費用	3,000	(10,400)
本期淨利		$6,400
其他綜合損益		0
本期綜合損益總額		$6,400

(3) 權益變動表

	大彥公司 權益變動表 ×1年度		
	股本	保留盈餘	權益合計
期初餘額	$43,000	$10,000	$53,000
本期淨利		6,400	6,400
本期股利		(2,000)	(2,000)
期末餘額	$43,000	$14,400	$57,400

(4) 資產負債表

大彥公司
資產負債表
×1年12月31日

流動資產	$45,400	流動負債	$48,000
不動產、廠房及設備	80,000	非流動負債	20,000
		權益	57,400
資產總計	$125,400	負債及權益總計	$125,400

6. (1) 12/31　銷貨成本　　　3,800
　　　　　　　存貨　　　　　　　　　3,800

　(2) 12/31　銷貨收入　　　1,925,000
　　　　　　　本期損益　　　　　　　1,925,000

　　　12/31　本期損益　　　1,813,300
　　　　　　　銷貨折扣　　　　　　　　44,000
　　　　　　　銷貨退回與折讓　　　　　71,500
　　　　　　　銷貨成本　　　　　　1,147,800
　　　　　　　運費　　　　　　　　　　38,500
　　　　　　　保險費用　　　　　　　　66,000
　　　　　　　租金費用　　　　　　　110,000
　　　　　　　薪資費用　　　　　　　335,500

	12/31	本期損益	111,700	
		保留盈餘		111,700

7. (1) $231,000　　(= $2,970,000 − $2,739,000)
　　(2) $891,000　　(= $2,739,000 − $1,848,000)
　　(3) $396,000　　(= $891,000 − $495,000)
　　(4) $3,300,000　(= $3,135,000 + $165,000)
　　(5) $1,881,000　(= $3,135,000 − $1,254,000)
　　(6) $759,000　　(= $1,254,000 − $495,000)

【應用問題】

1.	8/3	存貨	21,240	
		應付帳款		21,240
	8/4	應收帳款	10,400	
		銷貨收入		10,400
		銷貨成本	8,200	
		存貨		8,200
	8/5	運費支出	720	
		現金		720
	8/6	應付帳款	1,000	
		存貨		1,000
	8/12	應付帳款	20,240	
		存貨		405
		現金		19,835
	8/13	現金	10,296	
		銷貨折扣	104	
		應收帳款		10,400
	8/15	存貨	8,800	
		現金		8,800

8/18	存貨	22,680		
	應付帳款		22,680	
8/20	存貨	350		
	現金		350	
8/23	現金	12,800		
	銷貨收入		12,800	
	銷貨成本	10,240		
	存貨		10,240	
8/25	存貨	11,900		
	現金		11,900	
8/27	應付帳款	22,680		
	存貨		680	
	現金		22,000	
8/29	銷貨退回與折讓	180		
	現金		180	
	存貨	60		
	銷貨成本		60	
8/30	應收帳款	7,400		
	銷貨收入		7,400	
	銷貨成本	6,500		
	存貨		6,500	

2. (1) 大觀公司分錄

12/31	存貨	500		
	銷貨成本		500	

(2) 結帳分錄

12/31	銷貨收入	80,000		
	利息收入	3,000		
	本期損益		83,000	

本期損益	77,200	
銷貨退回與折讓		3,000
銷貨折扣		1,000
銷貨成本		54,500
銷貨運費		900
薪資費用		12,500
折舊費用		3,000
水電費用		1,500
用品費用		800
本期損益	5,800	
保留盈餘		5,800

3. (1) 綜合損益表

大愛公司
綜合損益表
×1年度

銷貨收入		$60,000
銷貨退回與折讓	$800	
銷貨折扣	500	(1,300)
銷貨淨額		$58,700
銷貨成本		(38,000)
銷貨毛利		$20,700
營業費用		
折舊費用	$1,000	
辦公用品費用	1,000	
薪資費用	4,000	
租金費用	2,000	(8,000)
營業淨利		$12,700
營業外費損		
利息費用		(1,500)
本期淨利		$11,200
其他綜合損益		0
本期綜合損益總額		$11,200

(2) 權益變動表

<table>
<tr><td colspan="4" align="center">大愛公司
權益變動表
×1年度</td></tr>
<tr><td></td><td>股本</td><td>保留盈餘</td><td>權益合計</td></tr>
<tr><td>期初餘額</td><td>$23,000</td><td>$5,000</td><td>$28,000</td></tr>
<tr><td>本期淨利</td><td>—</td><td>11,200</td><td>11,200</td></tr>
<tr><td>期末餘額</td><td>$23,000</td><td>$16,200</td><td>$39,200</td></tr>
</table>

(3) 資產負債表

大愛公司
資產負債表
×1年12月31日

資產			負債	
流動資產			流動負債	
現金		$11,700	應付帳款	$5,000
應收帳款		14,500	應付票據	1,000
辦公用品		500	預收收入	3,000
存貨		11,000	流動負債合計	$9,000
預付租金		5,000	非流動負債	
流動資產合計		$42,700	長期應付票據	$20,000
不動產、廠房及設備			應付公司債	28,000
辦公設備	$28,000		長期負債合計	$48,000
累計折舊—辦公設備	(3,000)	$25,000	負債合計	$57,000
運輸設備	38,500		權益	
累計折舊—運輸設備	(10,000)	28,500	股本	$23,000
不動產、廠房及設備合計		$53,500	保留盈餘	16,200
資產總計		$96,200	權益合計	$39,200
			負債及權益總計	$96,200

(4) 結帳分錄

① 銷貨收入　　　　　　　60,000
　　本期損益　　　　　　　　　　　　60,000

② 本期損益 48,800
　　銷貨退回與折讓 　　　　　 800
　　銷貨折扣 　　　　　 500
　　銷貨成本 　　　　　 38,000
　　折舊費用 　　　　　 1,000
　　辦公用品費用 　　　　　 1,000
　　薪資費用 　　　　　 4,000
　　保險費用 　　　　　 2,000
　　租金費用 　　　　　 2,000
　　利息費用 　　　　　 1,500

③ 本期損益 11,200
　　保留盈餘 　　　　　 11,200

4. (1) 分錄

1/5	存貨	500	
	應付帳款		500
1/8	應付帳款	50	
	存貨		50
1/15	應付帳款	450	
	存貨		9
	現金		441
1/25	應付帳款	200	
	現金		200
2/1	存貨	9	
	現金		9
2/15	現金	300	
	應收帳款	600	
	銷貨收入		900
	銷貨成本	300	
	存貨		300

2/18	銷貨退回與折讓	225	
	應收帳款		225
	存貨	75	
	銷貨成本		75
2/23	現金	367.5	
	銷貨折扣	7.5	
	應收帳款		375
3/15	辦公用品	36	
	現金		36
3/16	存貨	150	
	應付帳款		150
3/20	薪資費用	120	
	現金		120
3/25	現金	168	
	應收帳款	600	
	銷貨收入		768
	銷貨成本	240	
	存貨		240
3/30	水電費用	30	
	現金		30

(2) 過帳

現金			
1/1	830	1/15	441
2/15	300	1/25	200
2/23	367.5	2/1	9
3/25	168	3/15	36
		3/20	120
		3/30	30
	829.5		

應收帳款			
1/1	240	2/18	225
2/15	600	2/3	375
3/25	600		
	840		

存貨					辦公用品			
1/1	235	1/8	50		1/1	30		
1/5	500	1/15	9		3/15	36		
2/1	9	2/15	300			66	3/31	46
2/18	75	3/25	240			20		
3/6	150							
	370							
3/31	10							
	380							

預付租金					土地			
1/1	50				1/1	900		
	50	3/31	40			900		
	10							

設備					累計折舊—運輸設備			
1/1	600						1/1	180
	600							180
							3/31	7.5
								187.5

應付帳款					應付票據			
1/8	50	1/1	420				1/1	350
1/15	450	1/5	500					350
1/25	200	3/16	150					
			370					

應付水電費					長期負債			
		3/31	10				1/1	880
			10					880

股本					保留盈餘			
		1/1	950				1/1	105
			950					105
							3/31	727
								832

銷貨收入					銷貨退回與折讓			
		2/15	900		2/18	225		
		3/25	768			225	3/31	225
3/31	1,668		1,668					

銷貨折扣					銷貨成本			
2/23	7.5				2/15	300	2/18	75
	7.5	3/31	7.5		3/25	240		
						465	3/31	10
							3/31	455

租金費用					薪資費用			
3/31	40				3/20	120		
	40	3/31	40			120	3/31	120

用品費用					折舊費用			
3/31	46				3/31	7.5		
	46	3/31	46			7.5	3/31	7.5

水電費用					本期損益			
3/30	30				3/31	941	3/31	1,668
3/31	10				3/31	727		
	40	3/31	40					

(3) 調整前試算表

大偉公司
調整前試算表
×1年3月31日

	借方	貸方
現金	$829.5	
應收帳款	840	
存貨	370	
辦公用品	66	
預付租金	50	
土地	900	
設備	600	
累計折舊—設備		$180
應付帳款		370
應付票據		350
應付水電費		0
長期負債		880
股本		950
保留盈餘		105
銷貨收入		1,668
銷貨退回與折讓	225	
銷貨折扣	7.5	
銷貨成本	465	
租金費用	0	
薪資費用	120	
用品費用	0	
折舊費用	0	
水電費用	30	
合計	$4,503	$4,503

(4) 分錄

1. 3/31　用品費用　　　　　46
　　　　　　辦公用品　　　　　　　　46

2. 　　　　租金費用　　　　　40
　　　　　　預付租金　　　　　　　　40

3.	折舊費用	7.5		
	累計折舊—設備		7.5	
4.	水電費用	10		
	應付水電費用		10	
5.	存貨	10		
	銷貨成本		10	

(5) 綜合損益表

大偉公司
綜合損益表
×1年1月1日至3月31日

銷貨收入總額		$1,668
銷貨退回與折讓	$225	
銷貨折扣	7.5	(232.5)
銷貨收入淨額		$1435.5
銷貨成本		(455)
銷貨毛利		$980.5
營業費用		
租金費用	$ 40	
薪資費用	120	
用品費用	46	
折舊費用	7.5	
水電費用	40	(253.5)
本期淨利		$727
其他綜合損益		0
本期綜合損益總額		$727

(6) 權益變動表

大偉公司
權益變動表
×1年3月31日

	股本	保留盈餘	權益合計
期初餘額	$950	$105	$1,055
本期淨利	—	727	727
期末餘額	$950	$832	$1,782

(7) 資產負債表

大偉公司
資產負債表
×1年12月31日

資產			負債	
流動資產			流動負債	
現金		$829.5	應付帳款	$370
應收帳款		840	應付票據	350
存貨		380	應付水電費	10
辦公用品		20	流動負債合計	$730
預付租金		10	非流動負債	$880
流動資產合計		$2,079.5	負債合計	$1,610
不動產、廠房及設備			權益	
土地		$900	股本	$950
設備	$600		保留盈餘	832
減：累計折舊—設備	(187.5)	412.5	權益合計	$1,782
不動產、廠房及設備合計		$1,312.5		
資產總計		$3,392.0	負債及權益總計	$3,392

(8) 結帳分錄

①	銷貨收入	1,668		
	本期損益		1,668	
②	本期損益	941		
	銷貨退回與折讓		225	
	銷貨折扣		7.5	
	銷貨成本		455	
	租金費用		40	
	薪資費用		120	
	用品費用		46	
	折舊費用		7.5	
	水電費用		40	
③	本期損益	727		
	保留盈餘		727	

Chapter 6　存貨

【問答題】

1. 於計算出存貨週轉率及存貨週轉平均天數後，將其與公司歷年趨勢和同業平均水準變化作比較，若是存貨週轉率較以往年度低，或在同業正常比率之下，首先宜先檢討存貨評價方式（如先進先出、加權平均法等）是否相同，因不同的評價方式會造成銷貨成本與期末存貨的不同。如果初步確認有存貨銷售遲緩或存貨堆積的現象，必須深入探討可能之原因，包括存貨是否過時陳廢、因契約承諾而大量購買、預期供應商價格之調漲，或經濟景氣導致產銷方針之變化等，積極探究形成存貨過冬之原因，以免不必要的資金呆滯於存貨。

2. 存貨應以成本與淨變現價值孰低衡量。
   淨變現價值是指企業預期在正常營業情況下，出售存貨所能取得的淨額，亦即在正常情況下之估計售價減除至完工尚須投入之成本及銷售費用後之餘額。

3. ×2 年期末存貨高估 $10,000，此項存貨錯誤會使×2 年之銷貨成本低估 $10,000，淨利高估 $10,000。×3 年之銷貨成本則會高估 $10,000，而淨利則會低估 $10,000。

4. 你可以告訴大雄毛利率法係一種存貨估價方法，有時期末存貨無法盤點或是實際盤點並不符合經濟原則，故使用估計的方法來推算存貨的金額。常見的例子包括意外水、火災導致存貨流失或燒毀，因保險賠償問題而須適當推估災害的存貨數量。另一例子為編製期中報表或會計人員在查帳時，可能採估計方法作為編製報表的基礎或檢驗估計金額與帳面存貨金額差異之合理性。

【選擇題】

1. (C)　$50,000 + 進貨 − $45,000 = $66,000
   進貨 = $61,000

2. (D)

	數量（件）	單位成本	金額
期初存貨	25	$6	$150
第一次進貨	35	7	245
第二次進貨	15	8	120
第三次進貨	20	9	180
可供銷售商品	95		$695

銷貨成本 = ($695 ÷ $95) × (95 − 30) = $476

3. (A) 期末存貨 = (20 × $9) + (10 × $8) = $260
   銷貨成本 = $695 − $260 = $435

4. (A)

5. (C)

6. (B) ×2 年正確淨利 = $95,000 − $12,500 + $20,500 = $103,000

7. (A) 銷貨成本 $465,000 × (1 − 30%) = $325,500
   ×6 年 3 月 31 日存貨金額 $120,000 + $300,000 − $325,500 = $94,500

8. (C)

9. (A) $800,000 − $20,000 − $5,000 + $30,000 = $805,000

10. (C)

11. (B) $200,000 × 20% = $40,000（先轉換平均毛利率為銷貨淨額之 20%）
    $200,000 − $40,000 = $160,000
    $500,000 − $160,000 = $340,000

12. (C)

13. (D) (5,000 單位×單價 $10) + $1,000 + $500 = $51,500

14. (B) $51,500 ÷ 4,995 = $10.31

15. (B)
    期末存貨的成本 50 單位 × 單價 $25 = $1,250
    淨變現價值 $1,200
    $1,250 − $1,200 = $50

(10 單位 × 單價 $20) + (40 單位 × 單價 $22) + (20 單位 × 單價 $21) + (10 單位 × 單價 $25) = $1,750

$1,750 + $50 = $1,800

16. (A)

$650,000 + ($3,250,000 + $250,000 − $325,000) − $4,000,000 × (1 − 20%) = $625,000

$625,000 − $600,000 = $25,000

【練習題】

1.

定期盤存制	永續盤存制
1. 賒購： 　進貨　　　　450,000 　　應付帳款　　　　450,000 $150 × 3,000 = $450,000	1. 賒購： 　存貨　　　　450,000 　　應付帳款　　　　450,000
2. 賒銷： 　應收帳款　　　637,500 　　銷貨　　　　　　637,500 $150 × 170% × 2,500 = $637,500	2. 賒銷： 　應收帳款　　　637,500 　　銷貨　　　　　　637,500 $150 × 170% × 2,500 = $637,500 　銷貨成本　　　375,000 　　存貨　　　　　　375,000 $150 × 2,500 = $375,000
3. 期末調整： 　期末存貨　　　101,550 　銷貨成本　　　375,450 　　進貨　　　　　　450,000 　　期初存貨　　　　27,000 $150 × 677 = $101,550 $150 × 180 = $27,000	3. 期末調整： 　銷貨成本　　　　450 　　存貨　　　　　　　450 $27,000 + $450,000 − $375,000 = $102,000 $102,000 − $101,550 = $450

2.

		單位數	單位成本	金額
6/1	期初存貨	100	$41	$ 4,100
6/5	進貨	300	42	12,600
6/15	進貨	250	42.5	10,625
6/25	進貨	125	42	5,250
可供銷售商品		775		$32,575

期末存貨尚剩餘之單位：775 – 620 = 155

(1) 先進先出法

期末存貨 = $42 × 125 + $42.5 × 30 = $6,525

銷貨成本 = $32,575 – $6,525 = $26,050

(2) 加權平均法

單位平均成本 = $32,575 ÷ 775 = $42

期末存貨 = $42 × 155 = $6,510

銷貨成本 = $32,575 – $6,510 = $26,065

3.

	成本	淨變現價值	逐項比較法	分類比較法
機油				
嘉實多	$250,000	$285,000	$250,000	
亞拉	300,000	280,000	280,000	
小計	$550,000	$565,000		$550,000
輪胎				
固特異	$700,000	$705,000	700,000	
倍耐力	835,000	800,000	800,000	
小計	$1,535,000	$1,505,000		1,505,000
總計	$2,085,000	$2,070,000	$2,030,000	$2,055,000
期末存貨跌價損失			$55,000	$ 30,000

調整分錄：

	逐項比較法	分類比較法
銷貨成本	55,000	30,000
備抵存貨跌價損失	55,000	30,000

4. 可供銷售商品成本 = $80,000 + $153,000 – $2,000 – $3,000 + $3,000 = $231,000

   銷貨淨額 = $250,000 – $5,000 = $245,000

   (1) 本期銷貨成本

   $245,000 × (1 – 30%) = $171,500

   (2) 期末存貨成本

   $231,000 – $171,500 = $59,500

5. 錯誤(1)：進貨多計，　　　淨利少計　$30,000
   錯誤(2)：進貨存貨均少計，淨利　　　無影響
   錯誤(3)：期末存貨少計，　淨利少計　$28,000
   　　　　　　　　　　　　　淨利少計　$58,000

6. 淨變現價值 = ($1,350,000 × 30%) – $100,000 = $305,000

   存貨跌價損失 = $1,000,000 – $305,000 = $695,000

   調整分錄：

   銷貨成本　　　　　　　　　695,000
   　　存貨跌價損失　　　　　　　　　　695,000

7. 期末存貨先進先出法為 1,320，平均成本法為 1,303

   (1) 先進先出法

日期		進貨			銷貨			餘額		
月	日	數量	單價	金額	數量	單價	金額	數量	單價	金額
1	1							3	$600	$1,800
	10				2	$600	$1,200	1	600	600
	12	6	660	3,960				1 6	600 660	600 3,960
	16				1 4	600 660	600 2,640	2	660	1,320

(2) 平均成本法

日期		進貨			銷貨			餘額		
月	日	數量	單價	金額	數量	單價	金額	數量	單價	金額
1	1							3	$600	$1,800
	10				2	600	1,200	1	600	600
	12	6	660	3,960				7	651.43*	4,560
	16				5	651.43	3,257	2	651.43	1,303

* 平均成本法 = ($600 + $3,960) ÷ 7 = $651.43

【應用問題】

1.

定期盤存制（實地盤存制）	永續盤存制
1. 賒購： 　　進貨　　　　550,000 　　　　應付帳款　　　　　550,000 $220 × 2,500 = $550,000	1. 賒購： 　　存貨　　　　550,000 　　　　應付帳款　　　　　550,000 $220 × 2,500 = $550,000
2. 購貨退回： 　　應付帳款　　110,000 　　　　進貨退回　　　　110,000 $220 × 500 = $110,000	2. 購貨退回： 　　應付帳款　　110,000 　　　　存貨　　　　　　110,000 $220 × 500 = $110,000
3. 賒銷： 　　應收帳款　　560,000 　　　　銷貨收入　　　　560,000 $350 × 1,600 = $560,000	3. 賒銷： 　　應收帳款　　560,000 　　　　銷貨收入　　　　560,000 $350 × 1,600 = $560,000 　　銷貨成本　　352,000 　　　　存貨　　　　　　352,000 $220 × 1,600 = $352,000
4. 銷貨退回： 　　銷貨退回　　35,000 　　　　應收帳款　　　　35,000 $350 × 100 = $35,000	4. 銷貨退回： 　　銷貨退回　　35,000 　　　　應收帳款　　　　35,000 $350 × 100 = $35,000 　　存貨　　　　22,000 　　　　銷貨成本　　　　22,000 $220 × 100 = $22,000

定期盤存制（實地盤存制）	永續盤存制
5. 期末調整： 　期末存貨　　164,560 　銷貨成本　　330,440 　進貨退回　　110,000 　　進貨　　　　　　550,000 　　期初存貨　　　　 55,000 $\$220 \times 748 = \$164,560$ $\$220 \times 250 = \$55,000$	5. 期末調整： 　銷貨成本　　440 　　存貨　　　　　　440 $\$55,000 + \$550,000 - \$110,000$ $- \$352,000 + \$22,000 = \$165,000$ $\$165,000 - \$164,560 = \$440$

2.

	×1	×2
期初存貨	$ 20,000	$ 28,000
進貨成本	150,000	175,000
可供銷售商品成本	$170,000	$203,000
正確期末存貨	(28,000)[a]	(41,000)[b]
銷貨成本	$142,000	$162,000

[a] $\$30,000 - \$2,000 = \$28,000$。
[b] $\$35,000 + \$6,000 = \$41,000$。

3.

銷貨淨額 ($51,000 − $1,000)	$50,000
減：估計毛利 (30% × $50,000)	(15,000)
估計銷貨成本	$35,000
期初存貨	$20,000
進貨成本 ($31,200 − $1,400 + $1,200)	31,000
可供銷售商品成本	$51,000
減：估計銷貨成本	(35,000)
估計損失商品成本	$16,000

4. ×3 年 = $600,000 + $20,000 = $620,000
　×4 年 = $670,000 + $20,000 − $15,000 = $675,000
　×5 年 = $730,000 + $20,000 − $15,000 + $10,000 = $745,000

5.

	×3年	×4年	×5年

存貨週轉率：

$$\frac{\$1,275,000}{(\$150,000+\$450,000)\div 2}=4.25(次) \qquad \frac{\$1,680,000}{(\$450,000+\$600,000)\div 2}=3.2(次) \qquad \frac{\$1,800,000}{(\$600,000+\$720,000)\div 2}=2.73(次)$$

存貨週轉天數：

$365\div 4.25=85.88$（天） $\qquad 365\div 3.2=114.06$（天） $\qquad 365\div 2.73=133.70$（天）

評論：瘦子精品店存貨週轉天數逐年上升，代表精品出貨速度變緩，銷售較不順暢，應注意可能的影響因素（如精品式樣、價格等）而尋求對策。

Chapter 7　現金與應收款項

【問答題】

1. (1) 零用金之功用：

    公司設置現金支出內部控制制度後，所有支出都應該要按照規定程序審核，並以支票或匯款方式支付。由於其程序較為繁複，對於日常金額微小的支出，則以「零用金」支付。

   (2) 零用金之內部控制：

    零用金制度應採定額零用金制，即一開始時先提撥一固定現金數額交給零用金保管員；領用人檢具原始憑證並經適當層級主管核准後，才可以向零用金保管員申請付款；在零用金將用盡前（或定期）由零用金保管員填寫零用金報銷清單，連同原始憑證交付會計部門，申請撥補所報銷之金額。

2. NSF 代表 not sufficient fund 客戶存款不足，所以 NSF 支票即為存款不足退票，是指客戶開給公司的即期支票，經票據交換後發現客戶的存款不足支付，公司存入銀行後，遭到銀行退票。由於公司在收到票據時已記為現金帳戶的加項，故遭到退票時，應在銀行調節表中作為銀行存款之減少，並將此退票金額轉為應收帳款。

3. 銷貨折扣、銷貨折讓在綜合損益表上作為銷貨收入的抵銷項目，會使銷貨淨額減少。若是目的地交貨，銷貨運費應由賣方負擔，賣方應在綜合損益表上列為銷售費用；若起運點交貨，那麼運費由買方承擔，賣方只是代墊費用，應作為應收款項的加項。預期信用減損損失在綜合損益表上列為費用的一部分。

    備抵損失在資產負債表上列為應收帳款的評價項目，作為應收帳款的減少。

4. 你應該告訴阿姑，貼現息的公式如下：貼現息＝票據到期值×貼現利率×貼現期間，至於票據到期值和貼現期間的觀念，你可以進一步告訴阿姑參閱課本之說明。

【選擇題】

1. (B)　零用金撥補之金額：$5,000 - $1,300 = $3,700
　　　　收據總額：$1,000 + $500 + $2,100 = $3,600
　　　　有現金短缺：$100
　　　　零用金之撥補分錄為：

各項費用	3,600	
現金短溢	100	
現金		3,700

2. (B)　　　3. (B)　　　4. (A)　　　5. (B)

6. (B)　　　7. (B) (備抵損失是預估無法收回的款項)

8. (B) ($1,500,000 × 2%) – $12,000 = $18,000　　9. (D)　　10. (B)

11. (D)　　12. (C) 365 ÷ 25 = 14.6；14.6 × $500,000 = $7,300,000

【練習題】

1.

水電費用	10,800	
銷貨運費	1,200	
辦公用品費用	520	
廣告費用	3,000	
書報雜誌	1,100	
雜項費用	2,500	
現金短溢	10	
銀行存款		19,130

2.

	內部控制缺失	改進之道
(1) 公司的支票未經編號	不易完整地記錄、追蹤每張支票	支票應預先編號
(2) 支票於付款後，與相關憑證一併彙存	支票於「付款後」才與相關憑證一併彙存，可能會有重複付款的情形	於開具支票時，即應將相關憑證加蓋付訖章及日期，以避免日後重複付款

	內部控制缺失	改進之道
(3) 公司的會計人員於下班後將現金存入銀行	會計人員不應接觸現金，錢與帳應分由不同人管理	應由出納員負責點收現金並存入銀行
(4) 所有支出均以支票付款	日常零星支出以零用金支付，較符合成本效益原則	設置零用金制度
(5) 公司的會計人員每月定期編製銀行存款調節表	因會計人員負責公司帳的處理，所以調節表不應由會計人員處理	應由會計及出納以外的第三人負責編製，較不會有內控的瑕疵

3. 正確餘額 = $87,500 + $8,500 − $25 = $95,975

假設未兌現支票金額為 Y

則 $94,700 + $22,500 − Y = $95,975

所以 Y 應為 $21,225

4. 正確餘額 = $368,500 + $68,500 − $80,000 = $357,000

公司原帳載餘額 = $357,000 − $50,400 + $950 = $307,550

5. (1) 備抵損失應有餘額 = $680,000 × 2% = $13,600

　　預期信用減損損失提列數 = $13,600 + $1,600 = $15,200

(2) 調整後備抵損失餘額 = $13,600

(3) 提列預期信用減損損失之分錄：

　　預期信用減損損失　　15,200
　　　　備抵損失　　　　　　　　　　15,200

6. (1) 備抵損失應有餘額 = ($500,000 × 3%) + ($100,000 × 25%) = $40,000

　　預期信用減損損失提列數 = $40,000 − $12,000 = $28,000

(2) 調整後備抵損失餘額 = $40,000

7.

　　備抵損失　　　　　　16,000
　　　　應收帳款　　　　　　　　　　16,000

　　應收帳款　　　　　　 2,000
　　　　備抵損失　　　　　　　　　　 2,000

現金	2,000		
應收帳款		2,000	
預期信用減損損失	18,000		
備抵損失		18,000	

[22,000 – (18,000 – 16,000 + 2,000)]

8. (1) 4 月 12 日
   (2) 6 月 19 日
   (3) 10 月 1 日
   (4) 11 月 4 日

9. 票據到期值 = $100,000 × (1 + 7% × 6/12) = $103,500
   貼現息 = $103,500 × 9% × 3/12 = $2,329
   貼現值 = $103,500 – $2,329 = $101,171
   利息收入 = $101,171 – $100,000 = $1,171

現金	101,171	
應收票據		100,000
利息收入		1,171

【應用問題】

1.

1/1	零用金	2,000	
	現金		2,000

1 月 7 日、1 月 13 日、1 月 20 日不作分錄，作備忘錄

2/1	水電費	700	
	交通費	1,260	
	現金		1,960
3/1	現金	200	
	零用金		200

2.

薔薇之戀經紀公司
銀行存款調節表
9 月 30 日

銀行對帳單餘額	$11,284
加：在途存款	1,271
減：未兌現支票	(2,058)
正確餘額	$10,497
公司帳載餘額	$ 8,894
加：銀行代收票據	1,650
減：銀行手續費	(20)
公司帳載錯誤	(27)
正確餘額	$10,497

3. (1) 估計損失率 = $1,500 ÷ $50,000 = 3%

　　應收帳款餘額 = $50,000 + $520,000 − $20,000 − $480,000 = $70,000

　　備抵損失應有餘額 = $70,000 × 3% = $2,100

　　預期信用減損損失 = $2,100 − $1,500 = $600

(2) 調整後備抵損失餘額 = $2,100

(3) 提列預期信用減損損失之分錄：

　　預期信用減損損失　　　　　600
　　　備抵損失　　　　　　　　　　　　　600

4. (1)

帳款賒欠期間	估計違約率	×6 年底金額	預期信用減損損失提列數
未逾期	1%	$2,200,000	$22,000
逾期 30 天以內	5%	150,000	7,500
逾期 31 天～60 天	7%	100,000	7,000
逾期 61 天～90 天	10%	80,000	8,000
逾期 91 天～120 天	15%	60,000	9,000
逾期超過 120 天	20%	10,000	2,000
總計		$2,600,000	$55,500

		預期信用減損損失	25,500	
		備抵損失		25,500

　　　　預期信用減損損失提列數 = $55,500 − $30,000 = $25,500

(2)	備抵損失	10,000	
	應收帳款		10,000

(3)	應收帳款	5,000	
	備抵損失		5,000
	現金	5,000	
	應收帳款		5,000

5. (1) ×1 年 12 月 25 日

應收帳款	10,780	
銷貨收入		10,780

　　($12,000 − $1,000) × 98% = $10,780

(2) 台北公司收到之實際對價金額為：($12,000 − $800) × 98% = $10,976

　　與原先估計之對價金額 $10,780 差異為 $196，應作為銷貨收入之調整。

×2 年 1 月 20 日

現金	10,976	
應收帳款		10,780
銷貨收入		196

Chapter 8 不動產、廠房及設備與遞耗資產

【問答題】

1. (1) 耐用年限1年以上
   (2) 供生產商品、提供勞務、出租他人或供管理使用
   (3) 非以出售為目的

2. 可能 MBI 的總裁誤認為會計的折舊會增加現金收入，事實上折舊雖然是一種非現金的費用項目，但不代表其有現金流入。又折舊純粹是不動產、廠房及設備成本分攤的程序，與重新購置資產所需之現金是如何籌措完全無關。

3. (1) 各折舊方法下，其折舊費用之比較：
   若以直線法提列折舊，則在耐用年限內的每個階段皆提列同額的折舊費用。若以倍數餘額遞減法或年數合計法提列折舊，則在耐用年限早期階段將提列較多的折舊費用。
   (2) 各折舊方法下，其不動產、廠房及設備在資產負債表上帳面金額之比較：
   由於倍數餘額遞減法或年數合計法在耐用年限早期階段所提列之折舊費用較直線法多，所以倍數餘額遞減法或年數合計法在耐用年限早期階段，其不動產、廠房及設備帳面金額會較直線法為低。

4. 可回收金額：資產之淨公允價值及其使用價值，兩者之較高者。

【選擇題】

1. (B)　　$300,000 × 98% + $10,000 + $17,000 + $32,000 = $353,000

2. (C)

3. (B)　　($20,000 + $1,000 + $2,500 − $3,500) ÷ 5 = $4,000

4. (A)

5. (A)　　($115,500 − $5,500) ÷ 8 = $13,750
　　　　　×1年7月1日～×3年12月31日之折舊費用 = $13,750 × 2.5 年 = $34,375
　　　　　×3年12月31日之帳面金額 = $115,500 − $34,375 = $81,125
　　　　　×4年度估計變動後之剩餘耐用年限：×4年～×7年底，共計 4 年。
　　　　　×4年應提列之折舊費用 = ($81,125 − $1,125) ÷ 4 年 = $20,000

6. (B)　　機身折舊費用 = ($90,000,000 − $15,000,000) ÷ 20年 = $3,750,000
　　　　　引擎折舊費用 = ($30,000,000 − $5,000,000) ÷ 10年 = $2,500,000
　　　　　每年折舊費用 = $3,750,000 + $2,500,000 = $6,250,000

7. (C)

8. (D)　　×10年之以前年度已提列折耗金額：
　　　　　$(20,000,000 − 2,000,000) ÷ 10,000,000噸 × 已開採6,000,000噸
　　　　　 = $10,800,000
　　　　　×10年及以後年度之每噸折耗率：
　　　　　$(20,000,000 − 10,800,000 − 1,000,000) ÷ 2,000,000噸
　　　　　 = $4.1

9. (C)

10. (C)　　機器帳面金額 = $440,000 − ($440,000 ÷ 4) = $330,000

【練習題】

1. $200,000 × 85% = $170,000

　　$170,000 × 1/2 × (1 − 3%) + $170,000 × 1/2 = $167,450

　　機器成本：$167,450 + $3,000 + $2,000 = $172,450

2.

	鑑價結果	分攤比例		總成本		分攤成本
塑膠射出成型機	$280,000	280 / 400	×	$280,000	=	$196,000
繪圖機	40,000	40 / 400	×	280,000	=	28,000
包裝機	80,000	80 / 400	×	280,000	=	56,000
合計	$400,000					$280,000

3. (1) 直線法

　　　　×6 年度折舊費用 = ($315,000 − $15,000) ÷ 5 = $60,000

　　　　折舊費用　　　　　　　60,000
　　　　　累計折舊　　　　　　　　　　60,000

　　(2) 活動量法

　　　　×6 年度折舊費用 = ($315,000 − $15,000) ÷ (7,200 / 30,000) = $72,000

　　　　折舊費用　　　　　　　72,000
　　　　　累計折舊　　　　　　　　　　72,000

　　(3) 年數合計法

　　　　可折舊金額 = $315,000 − $15,000 = $300,000

　　　　年數合計為 1 + 2 + 3 + 4 + 5 = 15 (年)

　　　　第 1 年度折舊費用：$300,000 × 5 / 15 = $100,000
　　　　第 2 年度折舊費用：$300,000 × 4 / 15 = $80,000
　　　　×6 年度折舊費用 = ($100,000 × 6 / 12) + ($80,000 × 6 / 12) = $90,000

　　　　折舊費用　　　　　　　90,000
　　　　　累計折舊　　　　　　　　　　90,000

　　(4) 倍數餘額遞減法

　　　　折舊率：1/5 × 2 = 40%

　　　　第 1 年度　　折舊費用：$315,000 × 40% = $126,000
　　　　　　　　　　帳面金額：$315,000 − $126,000 = $189,000
　　　　第 2 年度　　折舊費用：$189,000 × 40% = $75,600
　　　　　　　　　　帳面金額：$315,000 − $126,000 − $75,600 = $113,400
　　　　×6 年度折舊費用 = ($126,000 × 6 / 12) + ($75,600 × 6 / 12) = $100,800

　　　　折舊費用　　　　　　　100,800
　　　　　累計折舊　　　　　　　　　　100,800

4. 該安裝設備×1 年應提列之折舊費用：$10,000 ÷ 5 = $2,000
　　故影響×1 年之淨利 = $2,000 − $10,000 = $(8,000)　淨利低估

5. 至×8 年初已提列之累計折舊：$300,000 ÷ 15 × 7 = $140,000
　　大修後設備帳面金額：$300,000 − $140,000 + $40,000 = $200,000
　　×8 年提列之折舊費用：$200,000 ÷ 12 = $16,667

	折舊費用	16,667	
	累計折舊—設備		16,667

6. (1) 處分設備損失　12,500

		累計折舊—設備	37,500	
		設備		50,000
	(2)	現金	8,000	
		處分設備損失	4,500	
		累計折舊—設備	37,500	
		設備		50,000
	(3)	現金	15,000	
		累計折舊—設備	37,500	
		設備		50,000
		處分設備利得		2,500

7. 每噸折耗費用：$\$15,000,000 \div 20,000,000 = \$0.75$

第一年折耗費用：$\$0.75 \times 800,000 = \$600,000$

8. $10 + 9 + 8 + 7 + 6 + 5 + 4 + 3 + 2 + 1 = 55$

$55 - (10 + 9 + 8 + 7) = 21$

×10年初郵輪之帳面金額為 $\$500,000,000 \times \dfrac{21}{55} = \$190,909,091$

資產減損損失為 $\$190,909,091 - \$169,005,102 = \$21,903,989$

資產減損分錄為

×10/1/1	減損損失	21,903,989	
	累計減損—郵輪		21,903,989

折舊分錄為

×10/12/31	折舊費用	84,502,551	
	累計折舊—郵輪		84,502,551
	[$\$169,005,102 \div 2 = \$84,502,551$]		

9. (1) ×2年底帳面金額 $= \$7,500,000 - [(\$7,500,000 \div 5) \times 2] = \$4,500,000$

減損損失 $= \$4,500,000 - \$4,050,000 = \$450,000$

　　×2/12/31

減損損失　　　　　　　　　　450,000
　　累計減損—設備　　　　　　　　　　450,000

(2) ×3年折舊費用 = $4,050,000 ÷ 3 = $1,350,000

×3/12/31
折舊費用　　　　　　　　　1,350,000
　　累計折舊—設備　　　　　　　　　　1,350,000

(3) ×3年底之帳面金額：

$4,050,000 − $1,350,000 = $2,700,000

又設備在未發生任何減損情況下，×3年12月31日之帳面金額為：

$7,500,000 × 2/5 = $3,000,000，

故可承認之減損迴轉利益僅能至 $3,000,000，而非 $3,250,000，所以減損損失之迴轉為 $3,000,000 − $2,700,000 = $300,000

×3/12/31
累計減損—設備　　　　　　　300,000
　　減損迴轉利益　　　　　　　　　　　300,000

【應用問題】

1. 機器設備成本 = $200,000 + $10,000 + $8,000 = $218,000

(1) ×1/12/31 折舊　　　　　　　63,333
　　　累計折舊　　　　　　　　　　　　63,333

$$[(\$218,000 - 28,000) \times \frac{5}{15}] = \$63,333$$

(2) ×1/12/31 折舊費用：$[(\$218,000 - 28,000) \div 5] = \$38,000$

(3) 折舊率：$1/5 \times 2 = 40\%$

×1/12/31　折舊費用：$218,000 × 40% = $87,200
　　　　　　帳面金額：$218,000 − $87,200 = $130,800

2. 令 C = 成本，S = 殘值

若採年數合計法，則年數合計應為 1 + 2 + 3 + 4 + 5 + 6 = 21

若採倍數餘額遞減法，則折舊率應為 $1/6 \times 2 = 1/3$

C × 1/3 = $300,000，C = $900,000

$(C - S) \times 6/21 = \$240,000$，$(\$900,000 - S) \times 6/21 = \$240,000$，$S = \$60,000$

(1) ×3 年度折舊費用 = $(\$900,000 - \$60,000) \div 6 = \$140,000$

(2) ×3 年度機器帳面金額 = $\$900,000 - \$140,000 \times 2 = \$620,000$

(3) 若採年數合計法提列折舊，則 ×3 年度提列之折舊費用
= $(\$900,000 - \$60,000) \times 5/21 = \$200,000$

3. (1) 我國一般公認會計原則每年之折舊費用：

$(\$2,000,000 - \$100,000) \div 10 = \$190,000$

(2) 國際財務報導準則 (IFRS)：

特殊馬達：$(\$800,000 - \$20,000) \div 5 = \$156,000$

非特殊馬達部分：$(\$1,200,000 - \$80,000) \div 10 = \$112,000$

IFRS 每年之折舊費用 = $\$156,000 + \$112,000 = \$268,000$

4. (1) 耐用年限及殘值均屬估計變動，故不需更正以前年度所作之分錄。

(2) 第六年初帳面金額：$\$900,000 - (\$900,000 \div 6 \times 5) = \$150,000$

第六年折舊費用：$(\$150,000 - \$50,000) \times 4/10 = \$40,000$

折舊費用	40,000	
累計折舊——光線復原機		40,000

(3) 截至第六年年底之累計折舊為：$(\$900,000 \div 6 \times 5) + \$40,000 = \$790,000$

光線復原機	$900,000	
減：累計折舊	(790,000)	$110,000

5. (1) ×4 年 12 月 31 日機器帳面金額 = $\$800,000 \times 7/10 = \$560,000$

×4 年底認列減損損失 = $\$560,000 - \$511,000 = \$49,000$

×4/12/31	減損損失	49,000	
	累計減損——機器設備		49,000

(2) ×5 年折舊費用 = $\$511,000 \times 1/7 = \$73,000$

×5 年 12 月 31 日機器帳面金額 = $\$511,000 - \$73,000 = \$438,000$

×5 年 12 月 31 日若未認減損帳面金額 = $\$800,000 \times 6/10 = \$480,000$

×5 年底減損迴轉利益 = $\$480,000 - \$438,000 = \$42,000$

×5/12/31	累計減損——機器設備	42,000	
	減損迴轉利益		42,000

Chapter 9 負債

【問答題】

1. 企業預期於其正常營業週期中清償該負債、企業主要為交易目的而持有該負債、企業預期於報導期間後十二個月內到期清償該負債等三種情況都屬於流動負債。

2. 負債準備為不確定時點或金額之負債,當同時符合下列條件時,企業應於財務報表認列負債準備:
   (1) 因過去事件所產生之現存義務。現存義務是否存在,取決於經濟效益之移轉是否屬「很有可能」,所謂「很有可能」是指發生之可能性大於不發生之可能性,亦即「很有可能」是指發生經濟效益移轉的機率大於 50%。
   (2) 於清償義務時,很有可能造成企業具經濟效益資源的流出。
   (3) 該義務金額能可靠估計。

3. 你可以告訴山田同學:公司債的面額 (face amount) 即公司債到期時公司應清償的債務金額,或稱到期值 (maturity value)。但當公司債發行時的市場利率若與票面利率不同時,會造成發行價格與公司債的面額不相等,而有折價或溢價發行的情況。由於公司在未來須償還本金及支付利息的日期與金額均已確定,因此投資人在購買公司債時所願意支付的價格,也就是公司債可以成交的發行價格,即為未來的本金與利息按投資人要求的有效利率(即市場利率)折現的現值。

4. (1) 查複利現值表知
   $$\$10,000 \div (1.08)^3 = \$10,000 \times 0.79383 = \$7,938$$
   (2) 查年金現值表知
   $$\$10,000 \times 4.48592 = \$44,859$$

【選擇題】

1. (D)　　2. (C)　　3. (C)
4. (C)　　5. (A)　　6. (B)
7. (A)　　8. (D)　　9. (B)

【練習題】

1.
應付商業本票	$ 25,000
應付帳款	15,000
客戶預付款項	30,000
銀行透支	20,000
應收帳款（貸餘）	20,000
估計應付所得稅	15,000
流動負債總額	$125,000

2. (1) 發行該商業本票所得資金為 $9,000,000 ÷ (1 + 3% × 9/12) = $8,801,956

   (2) 　現金　　　　　　　　　　8,801,956
   　　　應付短期票券折價　　　　　198,044
   　　　　　應付商業本票　　　　　　　　　　9,000,000

   (3) 　利息費用　　　　　　　　　132,029
   　　　　　應付短期票券折價　　　　　　　　132,029
   　　[$8,801,956 × 3% × 6/12 = $132,029]

   (4)

　　　　　　　　　吉德羅公司
　　　　　　　　部分資產負債表
　　　　　　　　×3 年 12 月 31 日

　　流動負債

應付商業本票	$9,000,000	
減：應付短期票券折價	(66,015)	$8,933,985

3. 進貨時

	進貨	100,000	
	應付帳款		100,000

折扣期限內付款

	應付帳款	50,000	
	現金		48,500
	進貨折扣		1,500

到期時付款

	應付帳款	50,000	
	現金		50,000

4. 本題屬「單一義務」而非「大量母體」，故不能採用期望值估計，應以最有可能結果估計負債準備。雖然一個零件故障機率相較發生 2 個或 3 個之零件故障機率為高，但 2 個或 3 個零件故障機率之更換成本均比 1 個零件故障之更換成本高，所以本題應以 2 個零件故障，即 $200,000 × 2 = $400,000 作為估計服務保證負債之最佳估計。

5. (1) ×6/1/1　　現金　　　　　　　66,502,572
　　　　　　　　　應付公司債　　　　　　　　60,000,000
　　　　　　　　　應付公司債溢價　　　　　　　6,502,572

(2) ×6/7/1　　利息費用　　　　　　3,325,129
　　　　　　　應付公司債溢價　　　　274,871
　　　　　　　　　現金　　　　　　　　　　　3,600,000
　　　　　　　[$66,502,572 × 5% = $3,325,129；
　　　　　　　$60,000,000 × 6% = $3,600,000]

(3) ×6/12/31　利息費用　　　　　　3,311,385
　　　　　　　應付公司債溢價　　　　288,615
　　　　　　　　　應付利息　　　　　　　　　3,600,000
　　　　　　　[$66,502,572 − $274,871 = $66,227,701；
　　　　　　　$66,227,701 × 5% = $3,311,385]

6. (1) 溢價攤銷金額×2 年 ($1,000 × 6%) − ($1,018 × 5.5%) = $4.01
　　　溢價攤銷金額×3 年 ($1,000 × 6%) − [($1,018 − $4.01) × 5.5%] = $4.23

(2)

×2 年 12/31	應付公司債溢價	4.01	
	利息費用	55.99	
	現金		60
×3 年 12/31	應付公司債溢價	4.23	
	利息費用	55.77	
	現金		60

(3) ×2 年底未攤銷溢價為 $18 – $4.01 = $13.99。

(4) 永華公司債於×2 年底帳面金額為 $1,018 – $4.01 = $1,013.99。

7. 6 年後這 1,000 元今天的價值 = 6 年後回收 1,000 元 ÷ (1 + 折現利率 7%)^6
　　　　　　　　　　　　　　　= $666.34

8. $50,000,000 × 10% × 1/2 = $2,500,000；
$2,500,000 × 9.38507 + $50,000,000 × 0.62460 = $23,462,675 + $31,230,000
　　　　　　　　　　　　　　　　　　　　　　　= $54,692,675

【應用問題】

1.

11/5	存貨	116,400	
	應付帳款		116,400

$120,000 × 97% = $116,400

11/11	預收貨款	70,000	
	銷貨收入		70,000
11/15	現金	5,962,733	
	應付短期票券折價	37,267	
	應付商業本票		6,000,000

$6,000,000 ÷ (1 + 2.5% × 3/12) = $5,962,733

11/18	應付帳款	116,400	
	折扣損失	3,600	
	現金		120,000
11/20	現金	8,000,000	
	短期借款		8,000,000

11/25	存貨	800,000	
	應付票據		800,000
11/28	現金	100,000	
	預收貨款		100,000
11/30	薪資費用	1,000,000	
	應付薪資		1,000,000

調整分錄：

11/30	利息費用	6,211	
	應付短期票券折價		6,211

$5,962,733 \times 2.5\% \times 1/12 \times 15/30 = \$6,211$

11/30	利息費用	6,667	
	現金		6,667

$\$8,000,000 \times 3\% \div 12 \times 10/30 = \$6,667$

11/30	利息費用	778	
	應付利息		778

$\$800,000 \times 7\% \div 12 \times 5/30 = \$778$

2. (情況 1)：屬大量母體，應用期望值估計負債準備：

$200 \times 80\% \times \$50,000 = \$8,000,000$

(情況 2)：屬單一事件，應以發生機率大於 50% (本例中為 60%) 之情況認列負債準備，亦即 $1,000,000

(情況 3)：最有可能發生者為 2 個零件故障，機率為 50%，發生之維修成本為 $200,000；而期望值觀念下之估計值為：

($100,000 × 30%) + ($200,000 × 50%) + ($300,000 × 20%) = $190,000

期望值提供了最有可能流出經濟效益之佐證，因此應依據最有可能結果認列負債準備，亦即 $200,000。

3.

×3/12/15	訴訟損失	2,000,000	
	訴訟損失準備		2,000,000

×3/12/15	應收理賠款	1,800,000	
	保險理賠收入		1,800,000
×4/10/01	訴訟損失	200,000	
	訴訟損失準備		200,000
×5/06/08	訴訟損失準備	2,200,000	
	現金		2,100,000
	訴訟損失迴轉利益		100,000
×5/06/30	現金	1,800,000	
	應收理賠款		1,800,000

4. (1) 因發行價格 > 發行面額，故為溢價。

   (2) 溢價 = $1,460 – $1,400 = $60

   發行日：

×1 年 12/31	現金	1,460	
	應付公司債		1,400
	應付公司債溢價		60

   (3) 支付利息金額各年分別為 $1,400 × 6% = $84

   (4) ×2 年 $1,460 × 5% = $73

應付公司債溢價	11	
利息費用	73	
現金		84

   ×3 年 [$1,460 – ($84 – $73)] × 5% = $72.45

應付公司債溢價	11.55	
利息費用	72.45	
現金		84

   (5) ×2 年溢價攤銷金額為 $84 – $73 = $11
   　　×3 年溢價攤銷金額為 $84 – $72.45 = $11.55

   (6) ×2 年底未攤銷折價 = $60 – $11 = $49
   　　×2 年底帳面金額 = $1,400 + $49 = $1,449

5. (1) 公司債的票面利率為：利息支付數 $80 ÷ 面額 $800 = 10%

(2) 發行日的市場利率為：利息費用 $89 ÷ 帳面金額 $742 = 11.99%

(3) 發行日：

×2年1/1	現金	742	
	應付公司債折價	58	
	應付公司債		800

(4) 付息日：

應付公司債溢價本期攤銷金額 = $89 – $80 = $9

×2年12/31	利息費用	89	
	現金		80
	應付公司債折價		9

6.

×3/1/1	現金	315,462	
	應付公司債		300,000
	公司債溢價		15,462
12/31	利息支出	25,237	
	公司債溢價	4,763	
	現金		30,000

$315,462 × 0.08 × 1 = $25,237
$30,000 – $25,237 = $4,763

×4/12/31	利息支出	24,856	
	公司債溢價	5,144	
	現金		300,000

($315,462 – $4,763) × 0.08 × 1 = $24,856

日期	利息費用	票面利息	溢價攤銷	公司債帳面金額
×3/1/1				$315,462
×3/12/31	$25,237	$30,000	$4,763	310,699
×4/12/31	$24,856	$30,000	$5,144	305,555
×5/12/31	$24,445	$30,000	$5,555	300,000

Chapter 10 無形資產、投資性不動產、生物資產與農產品

【問答題】

1. 可辨認無形資產：

  商標權　　產品名稱或是用以辨識該產品之標記
  版　權　　著作人用以印刷以及發行其所撰寫著作之權利
  特許權　　公司取得經營某種業務或銷售某類商品之契約協定
  專利權　　某項產品之發明者用以製造、出售或使用其發明之專有權利
  專有技術　廠商用於生產某種產品所具備之獨家生產技術之權利

帳務處理：

(1) 無形資產須具備付出對價及具有未來經濟效益兩項要件方能資本化，自行研發之無形資產僅能就申請登記核准有關之支出認列為無形資產之成本。

(2) 無形資產之成本應以合理而有系統之方式加以分攤，一般採用直線法加以攤銷，然而若是與無形資產使用效益相等之攤銷方式，則以該攤銷方式攤銷之。可辨認無形資產，當有價值減損的跡象時，才須作減損的測試。

不可辨認無形資產：

  商　譽　　公司因為良好的服務、產品品質優良或是價格合理等因素而逐漸累積起來的信譽，而使得該公司有獲取超額報酬之機會，在這種情形下，會計上即認為該公司具有商譽。換言之，商譽是伴隨公司而存在，與公司是不可分離的。

帳務處理：

  自行發展之商譽不可入帳，僅有合併購入的商譽方可入帳，而商譽的攤銷一般多以法定年限加以攤銷之。且根據資產減損會計處理公報的規定,商譽尚須每年定期作減損測試。

2. 生物資產 係指具生命之動物或植物。例如:畜牧業所飼養的乳牛、綿羊、雞、豬等,人造森林裡的林木皆屬生物資產。
   農產品 係指企業生物資產之收成品。所以畜牧業所飼養乳牛、綿羊、雞等之農產品分別為:牛奶、羊毛、雞蛋,人造森林裡林木的農產品則為砍伐下來的林木。

3. 應適用 IAS 40。
   由於房地產通公司並不參與飯店的經營管理,且所提供的維修服務相較於飯店經營的整體顯不重大。僅收取飯店當月的營業收入的15%作為租金收入,故房地產通公司應將所持有之不動產視為投資性不動產。

4. 由於不能認列內部自行產生的商譽,故與此相關者皆作為當期費用。
   向外購併其他企業產生的商譽則會認列於資產負債表上。

5. 「投資性不動產」與「不動產、廠房及設備」之會計處理比較

會計處理模式	投資性不動產	不動產、廠房及設備
成本模式	可選用 提列折舊與減損損失	可選用 提列折舊與減損損失
公允價值模式	可選用 公允價值之變動,不論高於或低於帳面金額,均認列為當期損益	無此選擇 因與重估價模式類似
重估價模式	無此選擇 因與公允價值模式類似	可選用 若重估價後金額高於帳面金額,認列為其他綜合損益(屬權益性質);若低於帳面金額,則認列為當期損益

【選擇題】

1. (B)   2. (D)   3. (D)
4. (B)   5. (D)   6. (A)
7. (C)   8. (D) ($27 – $1 – $2) × 20,000 = $480,000
9. (C) $20,000 + ($70,000 × 3) – $2,000 = $228,000   10. (C)

11. (C)　　　　　　　　　　12. (A)
13. (B) 直線法、年數合計法、生產數量法及倍數餘額遞減法下，①②③是可能之折舊
14. (C)　　　　　　　　　　15. (D) 屬投資性不動產之範圍
16. (C) 自用不動產屬適用 IAS 16 之範圍
17. (B) $800,000 + $3,000+ $8,000　　　　18. (B)

【練習題】

1.

2月16日	研究發展費用	100,000	
	現金		100,000
4月1日	專門技術	300,000	
	現金		300,000
10月1日	專利權	60,000	
	現金		60,000
12月31日	攤銷費用—專門技術	75,000	
	專門技術		75,000

$300,000 / 3 × 9/12 = $75,000

| | 攤銷費用—專利權 | 12,000 | |
| | 　專利權 | | 12,000 |

$60,000 / 15 × 3 = $12,000

2.

1月1日	特許權	33,000,000	
	現金		33,000,000
12月31日	攤銷費用—特許權	3,300,000	
	特許權		3,300,000

30,000,000 + 3,00,000 = 33,000,000
33,000,000 / 10 年 = 3,300,000

3.

每年攤銷金額 500,000 / 8 年 = 62,500
×6 年底進行攤銷之分錄

12月31日	攤銷費用—專利權	62,500	
	專利權		62,500

此時帳面金額為 500,000 – (62,500 × 5 年) = 187,500

12月31日	減損損失	187,500	
	累計減損—專利權		187,500

4.

×8/7/1~×8/10/31	研究發展費用	700,000	
	現金		700,000

說明：×8 年 11 月 1 日前所發生之支出 $700,000，因不符合 IAS 38 資本化條件，故認列為費用。

×8/11/1~×8/12/31	發展中之無形資產	200,000	
	現金		200,000

說明：因符合 IAS 38 資本化條件，故認列該資產為無形資產。

×8/12/31	減損損失	100,000	
	累計減損—發展中之無形資產		100,000

說明：當期認列尚未使用之無形資產，應於會計年度結束前作減損測試。所以，×8 年底信義公司應認列 $100,000 減損損失，將認列減損損失前之生產技術帳面價值 $200,000 調整至可回收金額 $100,000。

5.

×2 年 1 月 1 日	購入專利權		
	專利權	88,000	
	現金		88,000

×2 年 12 月 31 日攤銷			
	攤銷費用—專利權	17,600	
	專利權		17,600

$88,000 ÷ 5 = $17,600

6.

×4 年 1 月			
	訴訟費用	19,200	
	現金		19,200

×4 年 12 月 31 日

　　　　攤銷費用—專利權　　　　　　8,800
　　　　　　專利權　　　　　　　　　　　　8,800

×4 年初專利權之帳面金額為 $88,000 – ($88,000 ÷ 5 × 2) = $52,800
$52,800 ÷ 6 年 (自×4 年至×9 年) = $8,800

7. 可回收金額係取淨公允價值與使用價值，二者之較高者，故為 $7,500,000
   減損金額 ＝ 帳面金額 – 可回收金額 ＝ $8,000,000 – $7,500,000 ＝ $500,000

8. ×2 年 9 月記錄購買投資性不動產
　　　　投資性不動產　　　　　　500,200,000
　　　　　　現金　　　　　　　　　　　　500,200,000
   $500,000,000 + $200,000 = $500,200,000

   ×2 年 12 月底以公允價值法記錄不動產上漲之利益
　　　　投資性不動產　　　　　　300,000
　　　　　　公允價值調整利益—投資性不動產　　　300,000
   $500,500,000 – $500,200,000 = $300,000

【應用問題】

1. 每年攤銷金額 7,500,000/10 = 750,000

   ×2 年底專利權帳面金額為 7,500,000 – 750,000 × 2 = 6,000,000

   ×2 年底減損損失為 6,000,000 – 5,000,000 = 1,000,000

　　　　減損損失　　　　　1,000,000
　　　　　　專利權　　　　　　　　1,000,000

   ×3 年攤銷金額 (6,000,000 – 1,000,000)/8 = 625,000

　　　　攤銷費用—專利權　　625,000
　　　　　　專利權　　　　　　　　625,000

2. (1) ×6 年初之必要分錄
　　　　專利權　　　　　　600,000
　　　　　　現金　　　　　　　　600,000

   (2) 專利權攤銷應選擇法定年限及估計經濟效益年限二者較短者，作為攤銷期間。本例中法定年限尚有 14 年 (15－1)，而經濟效益年限尚有 12 年，故取 12 年作爲攤銷年限。

每年攤銷費用 ＝ $600,000 ÷ 12 ＝ $50,000，

因此×6 年及×7 年之攤銷費用分錄爲

攤銷費用—專利權	50,000	
專利權		50,000

(3) ×7 年底專利權之帳面金額爲 $500,000，而其可回收金額爲 $120,092，故需承認 $379,908 之減損損失。

減損損失	379,908	
累計減損—專利權		379,908

3. 小雞的購買成本：$70 × 200 ＝ $14,000

　小雞於 2 月底時的淨公允價值：($90 × 200) － $1,000 ＝ $17,000

　$17,000 － $14,000 ＝ $3,000

　認列生物資產公允價值調整利益 $3,000

4.
　×1 年初

生產性植物—雪梨樹	300,000	
現金(樹苗)		300,000
生產性植物—雪梨樹	150,000	
現金(薪資費用、肥料、租金等)		150,000

　×2~×4 每年

生產性植物—雪梨樹	10,000	
現金 (薪資費用、肥料、租金等)		10,000

　×4 年

現金 (未達成熟前銷售收入爲成本減項)	10,000	
生產性植物—雪梨樹		10,000

　×5 年

薪資費用、肥料、租金等費用	110,000	
現金		110,000

存貨—農產品	600,000*	
當期原始認列農產品之利益		600,000

*淨公允價值＝報價－運費

折舊費用—生產性植物—雪梨樹	15,000*	
累計折舊—生產性植物—雪梨樹		15,000

*(470,000－20,000)/30

現金	300,000	
銷貨收入		300,000
銷貨成本	300,000	
存貨—農產品		300,000

Chapter 11 權益

【問答題】

1. 與獨資、合夥比較,股份有限公司具有下列幾項特徵:
   (1) 獨立的法律個體　公司為法人組織,為一獨立的法律個體,可以公司名義擁有資產、簽約、訴訟,以及對外舉債等。
   (2) 股東責任有限　股份有限公司之股東對公司的責任以其出資額為限,不似合夥企業之合夥人或獨資企業之業主須負無限清償責任,所以投資股份有限公司之風險較小。
   (3) 股份可自由轉讓　股份有限公司之股東原則上可隨時自由出售或轉讓股份給其他人,且轉讓行為不必經由其他股東同意。合夥企業之入夥及退夥必須得到全體合夥人同意。
   (4) 資金募集容易　股份有限公司之資本藉由劃分為許多股份對外募集,且股份原則上可以自由轉讓,投資人責任有限且金額不大,故資金募集較為容易。
   (5) 管理權與所有權分開　股份有限公司的所有權人為股東,而管理權則歸屬於董事會和經理人員,藉由所有權與管理權之分開,股東即使不具經營能力,亦可享受企業經營之利益。
   (6) 政府管理較為嚴格　股份有限公司之股東責任有限,且大部分股東沒有參與公司業務經營,為了保障債權人及股東之權益,政府可對公司訂定較為嚴格之規範。

2. 普通股股東有四種權利:
   (1) 表決權
   (2) 依持股多寡獲得分配股利之權利

(3) 獲配公司剩餘資產的權利
(4) 優先認股權

3. 企業各年度賺得的盈餘，或分配給股東，或留在企業內繼續支應營運，股東遲早可以享受該盈餘。「每股盈餘」係指持有一股的普通股股份可分享多少當年度盈餘，所以每股盈餘需透過本期淨利與普通股股數計算而得，其關係如下：

$$每股盈餘 = \frac{本期淨利 - 特別股股利}{加權平均流通在外普通股股數}$$

4. (1) 股本：
    股東的投資，包括股本 (Capital Stock) 及資本公積 (Capital Surplus)。股票上面通常會記載每一股份的金額，稱為面額 (par value)，而在股東繳納的資本中，總發行股數乘以每股面額的部分即為股本，股本即為公司的法定資本，非經減資手續不得減少或消除。
   (2) 資本公積：
    股東的投資，包括股本 (Capital Stock) 及資本公積 (Capital Surplus)。股東繳納的資本中，超出面額的部分應列為資本公積。
   (3) 保留盈餘：
    保留盈餘係指公司過去所獲得的淨利而未分配予股東的部分所累積的合計數；如果長期虧損則成為累積虧損。

5. 企業發行股票時，股本會增加。

6. 特別股發行溢價和普通股發行溢價，尚有庫藏股票交易產生之資本公積，及受領股東贈與之資本公積等。

7. 企業賺錢；也就是說它獲有淨利 (或稱為純益或盈餘) 時，保留盈餘會增加；前期損益調整，也會使保留盈餘增加。

8. 期初保留盈餘 + 淨利 − 現金股利 − 股票股利 = 期末保留盈餘

9. (1) 股本增加$10億元。(2) 通常普通股股利會隨公司盈餘成長。

10. (1) 如公司發放特別股股利，該年度會發放每股 $0.15。(2) 不會。

11. 庫藏股票：庫藏股票 (Treasury Stock) 是指公司已發行，經收回而尚未正式註銷的股票。公司若是購買他人的股票，則應列為股票投資，但庫藏股票則是公司買回本身已發行的股票。公司買入庫藏股票，形同退還資本給股東，因此會造成實收資本的減少，所以庫藏股票並非公司之資產，同時庫藏股票並無投票權也沒有分配股利或認購股份的權利。在資產負債表上，庫藏股票應作為權益的減項，不得列為公司的資產。

12. 不是資產項目，是權益抵銷項目。

13. 每股盈餘是指持有一股的普通股股份可分享多少盈餘：

$$每股盈餘 = \frac{本期淨利 - 特別股股利}{加權平均流通在外普通股股數}$$

14. 每股盈餘 = (淨利 − 特別股股利) ÷ 加權平均流通在外股數

    (1) 當普通股現金股利增加時，每股盈餘不變。請同學小心，每股盈餘式中分子是扣減「特別股現金股利」，而非「普通股現金股利」。

    (2) 特別股現金股利增加時，每股盈餘會減少。因為每股盈餘式中分子須扣減「特別股現金股利」。

    (3) 股票股利增加時，每股盈餘會減少。因為股票股利增加時，每股盈餘式中分母的流通在外股數增加。

【選擇題】

1. (C) 公司的最終所有權人是普通股持有人，即一般所稱之股東。
2. (A)　　　　3. (C)　500股 × (1 + 0.2) = 600股　　　　4. (D)
5. (D) $400 + $4,800 = $5,200　　　　6. (C)　$6,000 + $8,000 + $8,000 − $4,000 = $18,000
7. (D)　　　　8. (D)
9. (B) 股價不變而每股盈餘增加，本益比 = 每股股價 ÷ 每股盈餘，故減少。
10. (C)　　　11. (C)　　　12. (B)　$130 + $20 − $10 − $6 = $134
13. (D)　　　14. (D)　　　15. (A)
16. (D) 年初庫藏股數 = ($10,000/$10) − 900 = 100; 總庫藏股數 = 100 + 200 = 300

【練習題】

1. 「資本公積—特別股發行溢價」= (發行價格 $16 − 面額 $10) × 30,000股 = $180,000

現金	480,000	
特別股股本		300,000
資本公積—特別股發行溢價		180,000

2. (1) 發行股數 ＝ 股本 $16,000 ÷ 每股面額 $10
       ＝ 1,600 股

   (2) 流通在外股數 ＝ 發行股數 － 買回庫藏股數
                ＝ 1,600 股 － 200 股
                ＝ 1,400 股

3. 此為公司發行面額 10 元的 20 股特別股票，發行價格為 21 元
   $420/20 = $21

4. 由分錄可看出
   (1) 公司於股東會通過分配特別股現金股利 $30 及普通股現金股利 $120。
   (2) 公司發放特別股現金股利 $30 及普通股現金股利 $120。

5. 股本為面額 $10 × 發行股數 630 股 ＝ $6,300。

6. (1) 買進當時發行股數不變，但未來註銷後發行股數會減少 4,000,000 股。
   (2) 流通在外股數減少 4,000,000 股。
   (3) 買進當時股本不變，但未來註銷後股本會減少 $40,000,000。
   (4) 現金減少 $300,000,000。

7. (1) 本期損益   60
          保留盈餘   60
   (2) 保留盈餘   50
          本期損益   50

8. 5,000 股 × (8/12) ＋ (1,000 股 ＋ 5,000 股) × (4/12) ＝ 5333.33 股

9. 因為

   每股盈餘 ＝ $\dfrac{\text{本期淨利} － \text{特別股股利}}{\text{加權平均流通在外普通股股數}}$ ＝ $\dfrac{\$3\,億 － \$1.5\,億}{3\,億股}$ ＝ $0.5

   本期淨利為 3 億元，特別股股利為：1.5 億股 × $1 ＝ $1.5 億，加權平均流通在外普通股為 3 億股

10. ×9/3/1 前期損益調整   50,000
            產品保證負債   50,000

11. ×3/1/8 前期損益調整   50,000
            合約負債 (預收工程款)   50,000

12. 保留盈餘　　　　　　1,026 (百萬)
　　　應付股利　　　　　　　　　　1,026 (百萬)

13. 此為公司以 $700 價格出售先前以 $300 買回之庫藏股票 (成本法)。超出成本 $300 的部分為$400，貸記資本公積。

14. 年底
    (1) 發行股數 = 年底股本 $1,600 ÷ 每股面額 $10 = 160 (股)
    (2) 流通在外股數 = 年底發行股數 160 股 – 年底庫藏股數 0 股 = 160 (股)
    (3) 庫藏股數 = 買回數 20 股 – 註銷庫藏股數 20 股 = 0 (股)

15. ×9 年度
    (1) 每股盈餘 = (淨利 $60 – 特別股股利 $12) ÷ 普通股之加權平均流通在外股數 50 股
        　　　　 = $0.96
    (2) 平均總資產 = ($1,200 + $1,000) ÷ 2 = $1,100
        資產報酬率 = [利息費用 $24 × (1 – 所得稅稅率 20%) + 淨利 $60] ÷ 平均總資產$1,100
        　　　　　 = $79.2 ÷ $1,100 = 7.2%。
    (3) 平均權益 = ($500 + $600) ÷ 2 = $550
        平均特別股股本 = ($100 + $120) ÷ 2 = $110
        普通股權益報酬率 = (淨利$60 – 特別股股利 $12)
        　　　　　　　　 ÷ (平均權益 $550 – 平均特別股股本 $110) = 10.91%。
    (4) 本益比 = 普通股每股價格 $16.5 ÷ 每股盈餘 $0.96 = 17.188 倍

16. 由第一個分錄 (本期損益結清至各合夥人資本) 可知，小亂合夥事業本期的損益為 $3,000，並分配給 2 位合夥人，小欠君分得 $2,000 及亂碼君分得 $1,000，也就是每人投入小亂合夥事業的資本為小欠君增加 $2,000，亂碼君增加 $1,000。

    由第二個分錄 (合夥人提取帳戶歸零) 可知，小欠君由小亂合夥事業提取 $600，也就是其投入小亂合夥事業的資本減少 $600；亂碼君由小亂合夥事業提取 $300，也就是其投入小亂合夥事業的資本減少 $300。

【應用問題】

1. 7,000 × $20 = $140,000；7,000 × $10 = $70,000

    (1) ×1/1/1　現金　　　　　　　　　　140,000
    　　　　　　　普通股股本　　　　　　　　　　　70,000
    　　　　　　　資本公積——普通股發行溢價　　　70,000

(2) ×1/3/3　辦公設備　　　　　　　　　　240,000
　　　　　　　普通股股本　　　　　　　　　　　　　　80,000
　　　　　　　資本公積—普通股發行溢價　　　　　　160,000
　　　　　[8,000 × $10 = $80,000；$240,000 – $80,000 = $160,000]

2. (1) 股票股利分配股數
　　　　= 股本 25 億元 × 20% ÷ 每股面額 10 元 = 5 千萬股
　　(2) 這項分配屬於大額股票股利，股票股利宣告日分錄為
　　　　保留盈餘　　　　　　　　　　　500,000,000
　　　　　待分配股票股利　　　　　　　　　　　　500,000,000
　　(3) 除權日不作分錄，僅作備忘記錄
　　(4) 股票股利分配日分錄
　　　　待分配股票股利　　　　　　　　500,000,000
　　　　　普通股股本　　　　　　　　　　　　　　500,000,000

3. (1) ×0/3/6　庫藏股票　　　　　　　1,820
　　　　　　　　現金　　　　　　　　　　　　　　　1,820
　　(2) ×0/5/12　現金　　　　　　　　　800
　　　　　　　　資本公積—庫藏股票交易　110
　　　　　　　　　庫藏股票　　　　　　　　　　　　910
　　(2) ×0/7/3　現金　　　　　　　　　1,500
　　　　　　　　　資本公積—庫藏股票交易　　　　　590
　　　　　　　　　庫藏股票　　　　　　　　　　　　910

4. (1) 每股盈餘 = (淨利 – 特別股股利) / 加權平均流通在外普通股股數
　　　　　　　　= ($15,000 – $2,000) / 10,000 (股)
　　　　　　　　= $1.3
　　(2) 資產報酬率 = (本期淨利 + 稅後利息) / 平均總資產
　　　　　　　　= [本期淨利 + 利息費用×(1–稅率)] / (期初總資產 + 期末總資產)÷2
　　　　　　　　= [$15,000 + $1,200 × (1 – 25%)] / [($170,000 + $220,000) / 2]
　　　　　　　　= $15,900 / $19,500
　　　　　　　　= 0.0815
　　(3) 普通股權益報酬率 = (本期淨利 – 特別股股利)/平均普通股權益
　　　　　　　　　　　= (本期淨利 – 特別股股利) / [(期初普通股權益 + 期末總資產權益) ÷2]

$$=(\$15{,}000-\$2{,}000) / \{[(\$70{,}000-\$10{,}000)+(\$100{,}000-\$10{,}000)]\div 2\}$$
$$=\$13{,}000 / \$75{,}000 = 0.1733$$

(4) 本益比 = 普通股每股市價 / 每股盈餘
$$= \$22 / \$1.3$$
$$= 16.92$$

5. (1) 每股盈餘 = $\$319{,}000 \div [(\$1{,}500{,}000 \div \$10) - 5{,}000] = \$2.2$

(2) 權益 = $\$1{,}500{,}000 + \$2{,}000 + \$80{,}000 + \$2{,}799{,}500 - \$75{,}000$
$$= \$4{,}306{,}500$$

故權益報酬率 = 淨利 $319,000 / 權益 $4,306,500
$$= 7.41\%$$

(3) 本益比 (PE ratio) = $\$33 \div \$2.2 = 15$ (倍)

6.

(1) 2/2		現金	480,000	
		普通股股本		320,000
		資本公積——普通股發行溢價		160,000
	3/30	前期損益調整	12,000	
		累計折舊		12,000
		保留盈餘	12,000	
		前期損益調整		12,000
	4/26	庫藏股票	56,000	
		現金		56,000
	5/25	現金	30,000	
		庫藏股票		28,000
		資本公積——庫藏股票交易		2,000
	8/1	專利權	7,200	
		特別股股本		4,000
		資本公積——特別股發行溢價		3,200
	12/31	本期損益	200	
		保留盈餘		200

(2) 權益相關項目在×8年12月31日之餘額如下：
特別股股本 = $12,000 + $4,000 = $16,000
特別股發行溢價 = $6,000 + $3,200 = $9,200
普通股股本 = $160,000 + $320,000 = $480,000
普通股發行溢價 = $48,000 + $160,000
　　　　　　　　= $208,000
保留盈餘 = $200,000 − $12,000 + $200 = $188,200
庫藏股票 = $(14) × $2,000 = $(28,000)

7. (1) ×6年底權益 = $10,000 + $20 + $800 + $427,500 − $750 = $437,570

(2) 由於庫藏股票之買賣在×4年進行，由題目得知於同年出售20股，尚有庫藏股票25股，故原始購入之庫藏股票應為45股。假設原始購入庫藏股票之價格為 x，再出售之價格為 y，則有下列分錄之關係：

買入庫藏股票時：
　　庫藏股票　　　　　　　　　　$45x$
　　　現金　　　　　　　　　　　　　　　　　　$45x$

出售庫藏股票時：
　　現金　　　　　　　　　　　$20y$
　　　庫藏股票　　　　　　　　　　　　　　　　$20x$
　　　資本公積—庫藏股票交易　　　　　　　　　$20(y-x)$

由題目之條件知庫藏股票交易之資本公積為
$20(y-x) = 20$，所以 $y - x = \$1$
又庫藏股票之餘額為 $45x - 20x = 25x = 750$，
所以 $x = \$30$
因此再出售價格 y 為 $\$30 + \$1 = \$31$

(3) 現金股利 = $2 × 100 = $200；股票股利 = 100 × 0.60 = 60(股)

Chapter 12 投資

【問答題】

1. 貨幣市場工具：(1) 定存單；(3) 商業本票；(4) 銀行承兌匯票。
   資本市場工具：(2) 普通股票。

2.

	經營模式	會計處理	折溢價攤銷	原始取得之交易成本	出售頻率
1.	只收取合約現金流量(利息及本金)	攤銷後成本	必須攤銷	納入取得成本	很低
2.	收取合約現金流量及出售	透過其他綜合損益按公允價值衡量(須作重分類調整)	必須攤銷	納入取得成本	沒有限制
3.	其他(含持有供交易)	透過損益按公允價值衡量	可攤銷，亦可不攤銷	當期費用	交易目的者高

	影響力之程度	持股比例	會計處理
1.	控制	通常持股>50%，亦稱子公司	編製合併報表
2.	重大影響	持股介於20%與50%之間，亦稱關聯企業(或占有董事會席次等其他有重大影響力情形)	採用權益法
3.	其他(含持有供交易)	持股通常小於20%	1. 透過損益按公允價值衡量 2. 透過其他綜合損益按公允價值衡量(不作重分類調整)

3. 透過損益按公允價值衡量之金融資產，包括持有供交易之金融資產及原始認列時指定透過損益按公允價值衡量之金融資產及所有不屬於其他分類之金融資產。當企業取得金融資產的目的是打算近期內就要將它處分，或該金融資產屬於企業將以短期獲利的操作模式持有之投資組合時，應將此金融資產分類為持有供交易之金融資產。除此之外，公司也可以在取得金融資產的時候，就把它歸類為(指定為)指定透過損益按公允價值衡量之金融資產。

　　金融資產若符合下列兩條件則屬於按攤銷後成本衡量之金融資產：(a) 以收取合約現金流量達成經營模式之目的，及 (b) 合約現金流量完全為支付本金及利息。

　　金融資產若符合下列兩條件則屬於透過其他綜合損益按公允價值衡量之債務工具投資：(a) 以收取合約現金流量及出售兩者達成經營模式目的，及 (b) 合約現金流量完全為支付本金及利息。

　　其他金融資產則應列入透過損益按公允價值衡量之金融資產，但股票投資若非以交易為目的持有，則可按每股基礎，選擇將此股票投資列入透過其他綜合損益按公允價值衡量之權益工具投資。

4. 「透過損益按公允價值衡量之權益工具投資」在股價上升、下跌時，應認列損益，且係列入本期損益。

　　「透過其他綜合損益按公允價值衡量之權益工具投資」在股價上升、下跌時，應認列價值變動，但係反映在當期其他綜合損益與資產負債表中之其他權益項下。

　　「採用權益法之投資」無須認列股價之變動。

5.

	透過損益按公允價值衡量之權益工具投資	透過其他綜合損益按公允價值衡量之權益工具投資	採用權益法之投資
被投資公司宣告現金股利	宣告日投資公司無需作分錄，於除息日才認列應收股利與股利收入	宣告日投資公司無需作分錄，於除息日才認列應收股利與股利收入	宣告日無需作分錄 除息日分錄： 應收股利 　　採權益法之投資
被投資公司發放現金股利（投資公司收到現金股利）	現金 　　應收股利	現金 　　應收股利	現金 　　應收股利

6. 處分透過其他綜合損益按公允價值衡量之債務工具投資時，處分前累積之其他綜合損益應重分類至損益。

7. 處分透過其他綜合損益按公允價值衡量之權益工具投資時,處分前累積之其他綜合損益不應重分類至損益;只有在公司有權收取股利收入時認列股利收入。

8. 採權益法評價的情況如下:
   (1) 投資公司持有被投資公司有表決權股份 20% 以上、50% 以下者。不過,有時候投資公司雖持股達到此一標準,卻有證據顯示對被投資公司沒有重大影響力時,則不適用權益法評價。
   (2) 投資公司持有被投資公司有表決權股份雖然未達20%,但具有重大影響力。

9. 若投資公司對被投資公司具有實質控制力,此時投資公司與被投資公司形成母子公司關係,除應按權益法作會計處理外,也應編製母子公司合併財務報表。企業編製合併財務報表時,藉由逐行加總資產、負債、收益及費損之類似項目,將母公司及其子公司之財務報表予以合併。集團內個體間之帳戶金額及交易 (包括收益、費損及股利)則應全數銷除,例如母公司銷貨給子公司,於母公司帳上產生對子公司的應收帳款,子公司帳上有對母公司的應付帳款,在編製合併財務資產負債表時,因為將母子公司視為同一會計個體,而自己不會欠自己錢,故母子公司間的應收(付)應予沖銷。

【選擇題】

1. (D) 屬於資本市場的金融工具　　2. (A) 屬於貨幣市場的金融工具
3. (A)　　　　　　　　　　　　　4. (D)　　　　　　　　　5. (A)
6. (C)　　　　　　　　　　　　　7. (B)　　　　　　　　　8. (D)
9. (C)　　　　　　　　　　　　 10. (D)　　　　　　　　 11. (D)
12. (B)　　　　　　　　　　　　13. (D)　　　　　　　　 14. (C)
15. (B)　　$40 × 40% = $16
　　　　　　$100 × 40% = $40
　　　　　　$50 + $40 − $16 = $74
16. (D)　　$60 × 20% = $12　　17. (C)　　　　　　　　 18. (A)
19. (X)　　總帳面金額= $199,000 + $1,000 = $200,000
　　　　　　攤銷後成本= $200,000 − $2,000 = $198,000
20. (C)　　×0 年底減損損失= $1,500
　　　　　　×1 年底減損損失= $10,000− $1,500 = $8,500

【練習題】

1. (1) 購買日

按攤銷後成本衡量之金融資產	398	
現金		398

(2) 到期日

現金	400	
按攤銷後成本衡量之金融資產		398
利息收入		2

2. (1) 分類為：透過損益按公允價值衡量之金融資產

×7/12/1	透過損益按公允價值衡量之金融資產	250	
	現金		250

×7/12/31	透過損益按公允價值衡量之金融資產評價損益	2	
	透過損益按公允價值衡量之金融資產		2

×8/1/12	現金	255	
	透過損益按公允價值衡量之金融資產評價損益		7
	透過損益按公允價值衡量之金融資產		248

(2) 分類為：透過其他綜合損益按公允價值衡量之權益工具投資

×7/12/1	透過其他綜合損益按公允價值衡量之權益工具投資	250	
	現金		250

×7/12/31	其他綜合損益—透過其他綜合損益按公允價值衡量之權益工具投資損益	2	
	透過其他綜合損益按公允價值衡量之股票投資評價調整		2

	其他權益—透過其他綜合損益按公允價值衡量之權益工具投資損益	2	
	其他綜合損益—透過其他綜合損益按公允價值衡量之權益工具投資損益		2

×8/1/12	透過其他綜合損益按公允價值衡量之權益工具投資評價調整	7	
	其他綜合損益—透過其他綜合損益按公允價值衡量之權益工具投資損益		7

		現金		255	
		透過其他綜合損益按公允價值衡量之權益工具投資			250
		透過其他綜合損益按公允價值衡量之權益工			
		具投資評價調整			5

　　×8/12/31　其他綜合損益──透過其他綜合損益按公允價值衡
　　　　　　　量之權益工具投資評價損益　　　　　　　　　　7
　　　　　　　　其他權益──透過其他綜合損益按公允價值衡
　　　　　　　　　量之權益工具投資損益　　　　　　　　　　　　　7

此分錄為結帳分錄，亦可於年底作此結帳分錄。

　　×8/12/31　其他權益──透過其他綜合損益按公允價值衡量之
　　　　　　　權益工具投資損益　　　　　　　　　　　　　　5
　　　　　　　　保留盈餘　　　　　　　　　　　　　　　　　　　5

此分錄為結帳分錄，亦可於年底作此結帳分錄。

3. 分類為：透過損益按公允價值衡量之金融資產

　(1)　×2/ 2/2　透過損益按公允價值衡量之金融資產　1,250,000
　　　　　　　　手續費　　　　　　　　　　　　　　　　50,000
　　　　　　　　　現金　　　　　　　　　　　　　　　　　　　　1,300,000
　　　　　　　　[50,000 × $25 = $1,250,000]

　(2)　×2/3/3　宣告日投資公司無需作分錄。

　(3)　×2/5/5　應收股利　　　　　　　　　　　　　　50,000
　　　　　　　　　股利收入　　　　　　　　　　　　　　　　　50,000
　　　　　　　　[50,000 × $1 = $5,000]

　　而股票股利是在除權日始作備忘分錄，註記收到 2,500 股
　　[50,000 × ($0.5 ÷ $10) = 2,500 股]

　(4)　×2/6/6　現金　　　　　　　　　　　　　　　1,312,500
　　　　　　　　　透過損益按公允價值衡量之金融資產　　　　1,250,000
　　　　　　　　　透過損益按公允價值衡量之金融資產評價損益　　62,500
　　　　　　　　[$25 × 52,500 股 = $1,312,500；$1,312,500 − $1,250,000 = $62,500]

分類為：透過其他綜合損益按公允價值衡量之權益工具投資

　(1)　×2/ 2/2　透過其他綜合損益按公允價值衡量之權益
　　　　　　　　工具投資　　　　　　　　　　　　1,300,000
　　　　　　　　　現金　　　　　　　　　　　　　　　　　　　1,300,000
　　　　　　　　[50,000 × $26 = $1,300,000]

(2) ×2/3/3　宣告日投資公司無需作分錄。

(3) ×2/5/5　應收股利　　　　　　　　　　　50,000
　　　　　　　　股利收入　　　　　　　　　　　　　　50,000
　　　　　　[50,000 × $1 = $5,000]

而股票股利是在除權日始作備忘分錄，註記收到 2,500 股
[50,000 × ($0.5 ÷ $10) = 2,500 股]

(4) ×2/6/6　現金　　　　　　　　　　　　1,312,500
　　　　　　　　透過其他綜合損益按公允價值衡量之權益
　　　　　　　　　工具投資　　　　　　　　　　　　1,300,000
　　　　　　　　其他綜合損益——透過其他綜合損益按公允
　　　　　　　　　價值衡量之權益工具投資損益　　　　12,500
　　　　　[$25 × 52,500 股 = $1,312,500；$1,312,500 – $1,300,000 = $12,500]

結帳分錄與第 2 題類似，此處不予列示。

4. (1) 若為：透過損益按公允價值衡量之金融資產

　　×1年初　　透過損益按公允價值衡量之金融資產　　　76
　　　　　　　　　現金　　　　　　　　　　　　　　　　　76
　　　　　　[$20 + $10 + $46 = $76]

　　×1/12/31　透過損益按公允價值衡量之金融資產評價損益　10
　　　　　　　　　透過損益按公允價值衡量之金融資產　　　　10
　　　　　　[($20 – $20) + ($16 – $10) + ($30 – $46) = ($10)]

　　×2/12/31　透過損益按公允價值衡量之金融資產　　　　12
　　　　　　　　　透過損益按公允價值衡量之金融資產評價損益　12
　　　　　　[($30 – $20) + ($8 – $16) + ($40 – $30) = $12]

(2) 若為：透過其他綜合損益按公允價值衡量之權益工具投資

　　×1年初　　透過其他綜合損益按公允價值衡量之權益工具投資　76
　　　　　　　　　現金　　　　　　　　　　　　　　　　　　　　76

　　×1/12/31　其他綜合損益——透過其他綜合損益按公允價值
　　　　　　　　衡量之權益工具投資損益　　　　　　　　　　　10
　　　　　　　　　透過其他綜合損益按公允價值衡量之權
　　　　　　　　　　益工具投資評價調整　　　　　　　　　　　　10

　　　　　　　　其他權益——透過其他綜合損益按公允價值衡量
　　　　　　　　　之權益工具投資損益　　　　　　　　　　　　10
　　　　　　　　　其他綜合損益——透過其他綜合損益按公
　　　　　　　　　　允價值衡量之權益工具投資損益　　　　　　　10

×2/12/31　透過其他綜合損益按公允價值衡量之權益工具
　　　　　　　　投資評價調整　　　　　　　　　　　　　　　12
　　　　　　　　　其他綜合損益—透過其他綜合損益按公
　　　　　　　　　　允價值衡量之權益工具投資損益　　　　　　12

　　　　　　　　其他綜合損益—透過其他綜合損益按公允價值
　　　　　　　　　衡量之權益工具投資損益　　　　　　　　　12
　　　　　　　　　其他權益—透過其他綜合損益按公允價
　　　　　　　　　　值衡量之權益工具投資損益　　　　　　　　12

5. 甲公司：透過損益按公允價值衡量：$95,000
   乙公司：透過其他綜合損益按公允價值衡量：只有利息影響損益：$8,000 ($100,000 × 8% = $8,000)
   丙公司：按攤銷後成本衡量：$8,000 ($100,000 × 8% = $8,000)

6. 甲公司：
   (1) 損益 = $1,000 利益　[$96,000 − $95,000 = $1,000]
   (2) 其他綜合損益 = $0
   乙公司：
   (1) 損益 = $(4,000) 損失　[$96,000 − $100,000 = $(4,000)]
   (2) 其他綜合損益 = $5,000 利益　[$1,000 − $(4,000) = $5,000]
   丙公司：
   (1) 損益 = $(4,000) 損失　[$96,000 − $100,000 = ($4,000)]
   (2) 其他綜合損益 = $0

7. 甲公司：透過損益按公允價值衡量
   此類金融資產無須認列減損損失

   乙公司：透過其他綜合損益按公允價值衡量

　　×0/12/31　　減損損失　　　　　　　　　　　　　　500
　　　　　　　　　其他綜合損益—透過其他綜合損益按公允價值
　　　　　　　　　　衡量之債務工具投資損益　　　　　　　　　500

　　×1/12/31　　減損損失　　　　　　　　　　　　　9,500
　　　　　　　　　透過其他綜合損益按公允價值衡量之債務工具
　　　　　　　　　　投資評價調整　　　　　　　　　　　　　5,000
　　　　　　　　　其他綜合損益—透過其他綜合損益按公允價值
　　　　　　　　　　衡量之權益工具投資損益　　　　　　　　4,500

丙公司：按攤銷後成本衡量

×0/12/31	減損損失	500	
	備抵減損		500
×1/12/31	減損損失	9,500	
	備抵減損		9,500

【應用問題】

1.

×8/1/1	透過其他綜合損益按公允價值衡量之權益工具投資	192,000	
	現金		192,000
×8/12/31	透過其他綜合損益按公允價值衡量之權益工具投資評價調整	4,000	
	其他綜合損益——透過其他綜合損益按公允價值衡量之權益工具投資損益		4,000
	其他綜合損益——透過其他綜合損益按公允價值衡量之權益工具投資損益	4,000	
	其他權益——透過其他綜合損益按公允價值衡量之權益工具投資損益		4,000
×9/1/1	透過其他綜合損益按公允價值衡量之權益工具投資評價調整	1,000	
	其他綜合損益——透過其他綜合損益按公允價值衡量之權益工具投資損益		1,000
	現金	197,000	
	透過其他綜合損益按公允價值衡量之權益工具投資		192,000
	透過其他綜合損益按公允價值衡量之權益工具投資評價調整		5,000
	其他綜合損益——透過其他綜合損益按公允價值衡量之權益工具投資損益	1,000	
	其他權益——透過其他綜合損益按公允價值衡量之權益工具投資損益		1,000
	其他權益——透過其他綜合損益按公允價值衡量之權益工具投資損益	5,000	
	保留盈餘		5,000

2. (1)

 a. A 公司

×8年	透過損益按公允價值衡量之金融資產	30,000	
	現金		30,000
×8/12/31	透過損益按公允價值衡量之金融資產	20,000	
	透過損益按公允價值衡量之金融資產評價損益		20,000
×9/12/31	現金	20,000	
	透過損益按公允價值衡量之金融資產評價損益	30,000	
	透過損益按公允價值衡量之金融資產		50,000

 b. B 公司

×8年	透過損益按公允價值衡量之金融資產	50,000	
	現金		50,000
×8/12/31	透過損益按公允價值衡量之金融資產評價損益	10,000	
	透過損益按公允價值衡量之金融資產		10,000
×9/12/31	現金	70,000	
	透過損益按公允價值衡量之金融資產評價損益		30,000
	透過損益按公允價值衡量之金融資產		40,000

 c. C 公司

×8年	透過其他綜合損益按公允價值衡量之權益工具投資	20,000	
	現金		20,000
×8/12/31	透過其他綜合損益按公允價值衡量之權益工具投資評價調整	10,000	
	其他綜合損益——透過其他綜合損益按公允價值衡量之權益工具投資損益		10,000
	其他綜合損益——透過其他綜合損益按公允價值衡量之權益工具投資損益	10,000	
	其他權益——透過其他綜合損益按公允價值衡量之權益工具投資損益		10,000

×9/12/31　其他綜合損益——透過其他綜合損益按公允價值衡
　　　　　　量之權益工具投資損益　　　　　　　20,000
　　　　　　　　透過其他綜合損益按公允價值衡量之股票投資評
　　　　　　　　　價調整　　　　　　　　　　　　　　　　20,000
　　　　　其他權益——透過其他綜合損益按公允價值衡
　　　　　　量之權益工具投資損益　　　　　　　20,000
　　　　　　　　其他綜合損益——透過其他綜合損益按公
　　　　　　　　　允價值衡量之權益工具投資損益　　　　20,000
　　　　　現金　　　　　　　　　　　　　　　10,000
　　　　　透過其他綜合損益按公允價值衡量之權益工具投
　　　　　　資評價調整　　　　　　　　　　　10,000
　　　　　　　　透過其他綜合損益按公允價值衡量之權益
　　　　　　　　　工具投資　　　　　　　　　　　　　　20,000
　　　　　保留盈餘　　　　　　　　　　　　　10,000
　　　　　　　　其他權益——透過其他綜合損益按公允價值衡
　　　　　　　　　量之權益工具投資損益　　　　　　　　10,000

d. D公司

×8年　　　透過其他綜合損益按公允價值衡量之權益工具投資100,000
　　　　　　　　現金　　　　　　　　　　　　　　　　　100,000

×8/12/31　其他綜合損益——透過其他綜合損益按公允價值衡
　　　　　　量之權益工具投資損益　　　　　　　30,000
　　　　　　　　透過其他綜合損益按公允價值衡量之權益工
　　　　　　　　　具投資評價調整　　　　　　　　　　　30,000
　　　　　其他權益——透過其他綜合損益按公允價值衡量之
　　　　　　權益工具投資損益　　　　　　　　　30,000
　　　　　　　　其他綜合損益——透過其他綜合損益按公允價
　　　　　　　　　值衡量之權益工具投資損益　　　　　　30,000

×9/12/31　透過其他綜合損益按公允價值衡量之權益工具投
　　　　　　資評價調整　　　　　　　　　　　60,000
　　　　　　　　其他綜合損益——透過其他綜合損益按公允價
　　　　　　　　　值衡量之權益工具投資損益　　　　　　60,000

其他綜合損益—透過其他綜合損益按公允價值衡量之權益工具投資損失		60,000		
其他權益—透過其他綜合損益按公允價值衡量之權益工具投資損失			60,000	
現金		130,000		
透過其他綜合損益按公允價值衡量之權益工具投資價調整			30,000	
透過其他綜合損益按公允價值衡量之權益工具投資			100,000	
其他權益—透過其他綜合損益按公允價值衡量之權益工具投資損失		30,000		
保留盈餘			30,000	

(2)

×8 年部分綜合損益表

	A公司	B公司	C公司	D公司
其他利益及損失（減損損失）	20,000	(10,000)	-	-
本期淨利	20,000	(10,000)	-	-
其他綜合損益				
後續不能重分類之項目：				
透過其他綜合損益按公允價值衡量之權益工具投資損益	-	-	10,000	(30,000)
本期綜合損益	20,000	(10,000)	10,000	(30,000)

×8 年部分資產負債表

	A公司	B公司	C公司	D公司
透過損益按公允價值衡量之金融資產	50,000	40,000	-	-
透過其他綜合損益按公允價值衡量之權益工具投資			20,000	100,000
透過其他綜合損益按公允價值衡量之權益工具投資評價調整	-	-	10,000	(30,000)
保留盈餘	20,000	(10,000)	-	-
其他權益	-	-	10,000	(30,000)

3. 甲公司對乙公司投資相關分錄如下：

×5/1/1	採用權益法之投資	162,000	
	現金		162,000
×5/12/31	採用權益法之投資	6,000	
	採用權益法之關聯企業損益份額		6,000

　　持股比率 = 18,000 / 60,000 = 30%
　　投資收益 = 20,000 × 30% = 6,000

×5/12/31	應收股利	2,400	
	採用權益法之投資		2,400

　　持股比率 = 18,000 / 60,000 = 30%
　　應收股利 = 8,000 × 30% = 2,400

採用權益法之投資 = 162,000 + 6,000 − 2,400 = 165,600

4.

(1)

×8/1/1	採用權益法之投資	24,480	
	現金		24,480

(2)

×9	採用權益法之投資	2,880	
	採用權益法之關聯企業損益份額		2,880

　　持股比率 = 600 / 1,500 = 40%
　　投資收益 = 7,200 × 40% = 2,880

(3)

×9/5/2	應收股利	1,800	
	採用權益法之投資		1,800

　　應收股利 = \$3 × 600 = \$1,800

(4)

×9/5/29	現金	1,800	
	應收股利		1,800

5.

×0/12/31

(1)

	按攤銷後成本衡量之金融資產	500,000	
	現金		500,000

(2)	透過損益按公允價值衡量之金融資產	500,000	
	現金		500,000
(3)	透過其他綜合損益按公允價值衡量之金融資產	500,000	
	現金		500,000

×1/12/31
(1)(2)(3)

	現金	30,000	
	利息收入		30,000

(1) 攤銷後成本下，無須記錄公允價值變動

(2)	透過損益按公允價值衡量之金融資產	60,000	
	透過損益按公允價值衡量之金融資產評價損益		60,000
或	透過損益按公允價值衡量之金融資產評價調整	60,000	
	透過損益按公允價值衡量之金融資產評價損益		60,000
(3)	透過其他綜合損益按公允價值衡量之債務工具 投資評價調整	60,000	
	其他綜合損益—透過其他綜合損益按公允 價值衡量之債務工具投資損益		60,000

×2/12/31
(1)(2)(3)

	現金	30,000	
	利息收入		30,000

(1) 攤銷後成本下，無須記錄公允價值變動

(2)	透過損益按公允價值衡量之金融資產評價損益	90,000	
	透過損益按公允價值衡量之金融資產		90,000
或	透過損益按公允價值衡量之金融資產評價損益	90,000	
	透過損益按公允價值衡量之金融資產評價調整		90,000
(3)	其他綜合損益—透過其他綜合損益按公允價值 衡量之債務工具投資損益	90,000	
	透過其他綜合損益按公允價值衡量之債務 工具投資評價調整		90,000

×3/12/31
(1)(2)(3)

	現金	30,000	
	利息收入		30,000

(1)	現金		500,000	
	按攤銷後成本衡量之金融資產			500,000
(2)	現金		500,000	
	透過損益按公允價值衡量之金融資產評價			
	損益			30,000
	透過損益按公允價值衡量之金融資產			470,000
或	現金		500,000	
	透過損益按公允價值衡量之金融資產評價調整		30,000	
	透過損益按公允價值衡量之金融資產評價			
	損益			30,000
	透過損益按公允價值衡量之金融資產			500,000
(3)	現金		500,000	
	透過其他綜合損益按公允價值衡量之債務工具投			
	資評價調整		30,000	
	透過其他綜合損益按公允價值衡量之債務工具			
	投資			500,000
	其他綜合損益—透過其他綜合損益按公允價值			
	衡量之債務工具投資損益			30,000

6. (1) 綜合損益表

×1年部分綜合損益表			
	按攤銷後 成本衡量	透過損益 按公允價值衡量	透過其他綜合損益 按公允價值衡量
利息收入	30,000	30,000	30,000
其他利益及損失（評價損益）		60,000	
本期淨利	**30,000**	90,000	**30,000**
其他綜合損益			
後續可能重分類之項目：			
透過其他綜合損益按公允價值衡量 　之債務工具投資損益			60,000
本期綜合損益	30,000	**90,000**	**90,000**

×2年部分綜合損益表			
	按攤銷後成本衡量	透過損益按公允價值衡量	透過其他綜合損益按公允價值衡量
利息收入	30,000	30,000	30,000
其他利益及損失（評價損益）		(90,000)	
本期淨利	**30,000**	(60,000)	**30,000**
其他綜合損益			
後續可能重分類之項目：			
透過其他綜合損益按公允價值衡量之債務工具投資損益			(90,000)
本期綜合損益	30,000	**(60,000)**	**(60,000)**

×3年部分綜合損益表			
	按攤銷後成本衡量	透過損益按公允價值衡量	透過其他綜合損益按公允價值衡量
利息收入	30,000	30,000	30,000
其他利益及損失（評價損益）		30,000	
本期淨利	**30,000**	60,000	**30,000**
其他綜合損益			
後續可能重分類之項目：			
透過其他綜合損益按公允價值衡量之債務工具投資損益			30,000
本期綜合損益	30,000	**60,000**	**60,000**

(2)資產負債表

<table>
<tr><td colspan="6" align="center">×1年部分資產負債表</td></tr>
<tr><td colspan="2" align="center">按攤銷後成本衡量</td><td colspan="2" align="center">透過損益
按公允價值衡量</td><td colspan="2" align="center">透過其他綜合損益
按公允價值衡量</td></tr>
<tr><td>按攤銷後成本衡量之金融資產</td><td>500,000</td><td>透過損益按公允價值衡量之金融資產</td><td>560,000</td><td>透過其他綜合損益按公允價值衡量之債務工具投資</td><td>500,000</td></tr>
<tr><td></td><td></td><td></td><td></td><td>透過其他綜合損益按公允價值衡量之債務工具評價調整</td><td>60,000</td></tr>
<tr><td>保留盈餘</td><td>30,000</td><td>保留盈餘</td><td>90,000</td><td>保留盈餘</td><td>30,000</td></tr>
<tr><td>其他權益</td><td>0</td><td>其他權益</td><td>0</td><td>其他權益</td><td>60,000</td></tr>
</table>

<table>
<tr><td colspan="6" align="center">×2年部分資產負債表</td></tr>
<tr><td colspan="2" align="center">按攤銷後成本衡量</td><td colspan="2" align="center">透過損益
按公允價值衡量</td><td colspan="2" align="center">透過其他綜合損益
按公允價值衡量</td></tr>
<tr><td>按攤銷後成本衡量之金融資產</td><td>500,000</td><td>透過損益按公允價值衡量之金融資產</td><td>470,000</td><td>透過其他綜合損益按公允價值衡量之債務工具投資</td><td>500,000</td></tr>
<tr><td></td><td></td><td></td><td></td><td>透過其他綜合損益按公允價值衡量之債務工具評價調整</td><td>(30,000)</td></tr>
<tr><td>保留盈餘</td><td>60,000</td><td>保留盈餘</td><td>30,000</td><td>保留盈餘</td><td>60,000</td></tr>
<tr><td>其他權益</td><td>0</td><td>其他權益</td><td>0</td><td>其他權益</td><td>(30,000)</td></tr>
</table>

×3年部分資產負債表					
按攤銷後成本衡量		透過損益 按公允價值衡量		透過其他綜合損益 按公允價值衡量	
按攤銷後成本衡量之金融資產		透過損益按公允價值衡量之金融資產		透過其他綜合損益按公允價值衡量之債務工具投資	--
				透過其他綜合損益按公允價值衡量之債務工具評價調整	--
保留盈餘	90,000	保留盈餘	90,000	保留盈餘	90,000
其他權益	0	其他權益	0	其他權益	0

7. (1) ×1年其他綜合損益：($40,000 – $20,000) + ($50,000 – $30,000) = $40,000(利益)

　　×2年其他綜合損益：($60,000 – $40,000) + ($70,000 – $50,000) + ($80,000 – $60,000) + ($90,000 – $70,000) = $80,000 (利益)

(2) ×1年年底其他權益：($40,000 – $20,000) + ($50,000 – $30,000) = $40,000(貸餘)

　　×2年年底其他權益：($70,000 – $30,000) + ($90,000 – $70,000) = $60,000(貸餘)

(3) ×1年重分類調整金額：$0

　　×2年重分類調整金額：($60,000 – $20,000) + ($80,000 – $60,000) = $60,000

　　即，認列 $60,000 處分利益，並認列 $60,000 其他綜合損失—重分類調整

(4) ×1年綜合損益影響數：($40,000 – $20,000) + ($50,000 – $30,000) = $40,000 (利益)

　　×2 年綜合損益影響數：($60,000 – $40,000) + ($70,000 – $50,000) + ($80,000 – $60,000) + ($90,000 – $70,000) =$80,000(利益)

[有無做重分類調整不影響綜合損益總額，因為重分類調整時，其他綜合損益調整金額與處分損益金額的加總一定為 0 (金額相等，損益方向相反)，所以這小題答案與 (1) 的答案相同]

8.

(1) ×1 年底 = $2,000 – $1,500 = $500

(2) ×2 年底 = $25,000 – $2,000 = $ 23,000

(3) ×3 年底 = $1,000 – $25,000 = $(24,000)

9.

9.

(1) 採權益法之投資之損益 = $120,000 × 25\% = \$30,000$ 利益

透過損益按公允價值衡量之金融資產之損益

$= (\$40 - \$25) \times 8,000 + (\$2 \times 8,000) = \$136,000$ 利益

損益之差額 $= \$30,000 - \$136,000 = \$(106,000)$

(2) 採權益法之投資之損益 $= \$120,000 \times 25\% = \$30,000$ 利益

透過其他綜合損益按公允價值衡量之權益工具投資之股利收入

$= \$2 \times 8,000 = \$16,000$

透過其他綜合損益按公允價值衡量之權益工具投資之其他綜合損益

$= (\$40 - \$25) \times 8,000 = \$120,000$ 利益

損益差額 $= \$30,000 - \$16,000 = \$14,000$ (採權益法下損益較高)

綜合損益差額 $= (\$30,000 + \$0) - (\$16,000 + \$120,000) = \$(106,000)$ (採權益法下損益較低)

(3) 透過損益按公允價值衡量之金融資產之損益

$= (\$40 - \$25) \times 8,000 + (\$2 \times 8,000) = \$136,000$ 利益

透過損益按公允價值衡量之金融資產之其他綜合損益 $= \$0$

透過其他綜合損益按公允價值衡量之權益工具投資之股利收入

$= \$2 \times 8,000 = \$16,000$

透過其他綜合損益按公允價值衡量之權益工具投資之其他綜合損益

$= (\$40 - \$25) \times 8,000 = \$120,000$ 利益

損益差額 $= \$136,000 - \$16,000 = \$120,000$ (透過損益按公允價值衡量之權益工具投資較高)

綜合損益差額 $= \$136,000 - (\$16,000 + \$120,000) = \$0$ (兩者之綜合損益一樣)

10. IFRS 9 的預期信用損失模式，將債券減損損失必須認列的金額，依該債券於財務報導日之信用風險狀況與原始認列時之信用風險狀況相比較，並分成三個階段。如果信用風險沒有顯著增加，則屬於第一階段，只須認列較低的未來 12 個月預期信用損失 (12-month expected credit losses) 即可。但如果在財務報導日時，該債券的信用風險已經較原始認列時顯著增加，則應認列整個存續期間預期信用損失 (life-time expected credit losses)，此時為第二階段。在第一及第二減損階段時，該債券應依其總帳面金額 (未扣除備抵損失前之金額) 認列利息收入。如果該債券信用繼續惡化，已經到達減損之地步，則將進入第三階段，除應認列存續期間預期信用損失，並且未來利息收入只能就該債券的攤銷後成本 (總帳面金額扣除備抵損失後之金額) 認列利息收入。

各階段之減損判斷依據如下：

第一階段 信用風險未顯著增加	第二階段 信用風險已顯著增加	第三階段 已經減損
● 債務人違約機率與原始認列時相比較，並無顯著增加	● 債務人違約機率與原始認列時相比較，並無顯著增加 ● 亦即只考量債務人本身之信用風險，擔保品價值的高低以及第三信用保證的有無，不影響此處之判斷	● 債務人已經違約
	● 綜合判斷指標： ● 新創始之金融資產，條款更為嚴格 (信用價差、擔保品、利息保障倍數) ● 外部信用價差變大、債務人信用違約交換價格變高、債務人之股價下跌 ● 內部或外部信用評等調降 ● 經營、財務或經濟狀況已經或預期會有不利變化 ● 擔保品或第三方保證品質惡化，使得債務人有誘因會違約 ● 放款條件預期朝向更為寬鬆的變動，例如寬限期間加強	● 綜合判斷指標： ● 債務人發生重大財務困難 ● 違約，諸如延滯或逾期事項 ● 債權人因債務人財務困難之理由，給予債務人原不可能考量之讓步 ● 債務人很有可能聲請破產或財務重整 ● 因財務困難而使該金融資產自活絡市場中消失

11. 債務工具各期利息收入＝期初總帳面金額 × 有效利率 (利息收入不考慮減損)

債務工具各期備抵減損＝12 個月或存續期間預期信用損失

債務工具攤銷後成本＝期末總帳面金額 － 期末備抵減損

由上述關係式可知，認列利息收入時，不考慮備抵減損；第二步驟才在脫鉤的情形下獨立計算備抵減損。另應注意，已經列入第三階段減損時，認列利息收入則應以攤銷後成本 (已考慮備抵減損) 之金額為計算基礎。

Chapter 13 現金流量表

【問答題】

1. 綜合損益表是依應計 (權責) 基礎所編製；現金流量表是依現金基礎所編製。

2. 現金流量表將企業的活動分成營業活動、投資活動及籌資活動。

3. 營業活動的現金流量包括影響本期損益的交易，及投資與籌資活動以外的交易及其他事項所造成的現金流入與流出。

    (1) 交易型態為一手交錢、一手交貨者：現金銷售商品及提供勞務。
    (2) 客戶為先享受後付款者，客戶為過去所購買貨物付款：賒銷產生的應收帳款或應收票據自顧客收現。
    (3) 取得因交易目的而持有之權益證券及債權憑證所產生之現金流出。

4. 籌資活動包括業主投資、分配予業主、與籌資性質債務的舉借及償還等。

    籌資活動之現金流量＝(本期新增加借款或金司債－本期所償還借款或公司債)＋(本期發行各類股票取得資金－本期買回 (贖回) 各類股票耗用資金－本期現金股利)

    (1) 現金增資發行新股所得之金額。
    (2) 償還債務 (償還銀行借款、收回公司債等，但不包括支付的利息) 所支付之金額。
    (3) 出售庫藏股票所得之金額。

5. 投資活動係指取得或處分長期資產及其他非屬約當現金活動項目之投資活動，如取得與處分非營業活動所產生之債權憑證 (例如公司債)、權益證券 (例如股票)、不動產、廠房及設備 (例如機器設備)、天然資源 (例如油礦)、無形資產 (例如專利權) 及其他投資等。

投資活動之現金流量 ＝ 本期出售長期資產價款 － 本期購置長期資產耗用金額
(1) 處分不動產、廠房及設備之價款。
(2) 處分權益證券之價款，但不包括因交易目的而持有之權益證券。
(3) 取得權益證券，但不包括因交易目的而持有之權益證券。

6. 企業以間接法編製現金流量表時，係將本期損益調節至營業活動之現金流量，因此將顯示本期損益和營業活動之現金流量間的差異。

7. (1) 直接法：直接法是直接列出當期營業活動之收現數 (現金流入) 和付現數 (現金流出)，亦即將綜合損益表中與營業活動有關之各項目由應計基礎轉換成現金基礎。
   (2) 間接法：間接法是以綜合損益表中的本期稅前淨利起算，調整不影響現金的損益項目、與損益有關的流動資產及流動負債項目變動金額，以及資產處分和債務清償之損益項目，而計算出當期由營業活動產生之淨現金流入或流出。

8. 三個月內到期、信用風險低、利率變動對其價值影響很小的短期且具高度流動性證券。

9. 期初現金及約當現金餘額+營業活動之現金淨流入+籌資活動之現金淨流入+投資活動之現金淨流入 ＝ 期末現金及約當現金餘額

10. 期初現金及約當現金餘額 + 本期現金及約當現金增加數 ＝ 期末現金及約當現金餘額

【選擇題】

1. (B)　　　2. (C)　　　3. (A)　　　4. (A)
5. (B)　　　6. (B)　　　7. (A)　　　8. (D)
9. (D)　賣出存貨為營業活動　　10. (D)　　　11. (D)
12. (A)　　13. (D)　　14. (D)
15. (D)　銷貨的收現 = $800,000 + ($200,000 − $140,000) + ($80,000 − $40,000) = $900,000
16. (D)　$9,000 + ($32,000 − $24,000) = $17,000

【練習題】

1. (1) 不屬於本期之現金流入 (出)
   (2) 營業活動之現金流入
   (3) 營業活動之現金流入

(4) 不屬於本期之現金流入(出)
(5) 營業活動之現金流出
(6) 處分無形資產不屬於營業活動
(7) 營業活動之現金流出

2. (1) 籌資活動之現金流入
   (2) 籌資活動之現金流入
   (3) 籌資活動之現金流入

3. (1) 營業活動之現金流入
   (2) 營業活動之現金流出
   (3) 營業活動之現金流出
   (4) 投資活動之現金流出

4. 本期銷貨收入增加，不代表本期從客戶收現金額增加，如下列公式所示，因為需考慮到本期預收貨款及應收款項之變動數。

   本期從顧客收現金額 = 本期銷貨收入 – 本期應收款項增加數 + 本期預收貨款增加數

5. 本期自供應商進貨增加，不代表本期對上游付款金額增加，如下列公式所示，因為需考慮到本期應付帳款之變動數。

   本期支付供應商現金額 = 銷貨成本 – 本期存貨增加數 + 本期應付帳款增加數

6. $400 – $50 – $100 – $50 + $10 – $11 – $22 = $177，營業活動現金流入 $177

7. 發行特別股共獲得 $420 + 發行公司債券共獲 $196 – 支付現金股利 $16 = $600

8. 向銀行借款獲得 $6 + 現金增資發行新股獲得 $4 – 購買庫藏股票 $2 = $8

9. (1) 會造成現金增加
   (2) 不會造成現金增加；如果是出貨致使應收票據增加，也不會造成現金減少。
   (3) 不會造成現金增加；有可能是減少。
   (4) 不會造成現金增加；有可能是減少。
   (5) 不會造成現金增加；應是減少。

10. (1) 會造成現金減少
    (2) 不會造成現金減少
    (3) 會造成現金減少
    (4) 不會造成現金減少

(5) 不會造成現金變動

11. 收到應收款 $1,300 + 收到合歡山飯店預付貨款 $40 – 支付上游供應商清境山莊貨款 $150 – 支付員工薪資 $420 = $770

【應用問題】

1. 淨利 $250 + 折舊費用 $25 – 處分不動產、廠房及設備利益 $15 + 存貨減少 $175 + 應付款增加 $600 = $1,035

2. 籌資活動之現金流量 = 現金增資發行新股共獲得 $15 + 向銀行借款共增加 $30 – 實施庫藏股票共付出 $10 = $35

3. 投資活動之現金流量 = $200 + $20 – $800 – $400 = –$980

4. (1) 處分設備損益 = 得款 $80 – (帳列成本 $290 – 累計折舊 $190) = – $20
   (2) 新設備成本 = $560 – ($320 – $290) = $530
   (3) ×3 年度設備之折舊費用 = $144 – ($240 – $190) = $94
   (4) 營業活動之現金流量：

   | 出售資產損失 | $20 |
   | 折舊費用 | 94 |

   投資活動之現金流量：

   | 出售設備 | $80 |

   不影響現金流量之重大投資活動是在財務報告書附註但不是在現金流量表呈現：

   | 以兩年期票據購入設備 | $530 |

5. 現金流量表應包含營業活動、投資活動、籌資活動之現金流量變化外。而影響現金流量之重大投資、籌資活動會在年報、季報財務報告書附註中表達。
   (1) 直接法：

   營業活動之現金流量：

自顧客收得現金 $600 + $10	$610
支付供應商現金 ($190 + $6 – $12)	(184)
支付營業費用 ($70 + $4 – $2)	(72)
淨現金流入	$354

(2) 間接法：

營業活動之現金流量：

淨利	$320
折舊	20
應收帳款減少	10
存貨增加	(6)
預付費用增加	(4)
應付帳款增加	12
應計負債增加	2
淨現金流入	$354

6. (1) $1,900 − $700 − $300 + $30 + $20 − $100 = $850 (現金流入)
   (2) $450 − $280 − $70 = $100 (現金流入)
   (3) $600 − $350 − $50 = $200 (現金流入)
   (4) $300 + $850 + $100 + $200 = $1,450 (現金餘額)

7. 營業活動之現金流量：

本期淨利	$2,294
出售設備損失	4,800
折舊費用	1,760
應收帳款增加	(330)
存貨減少	66
應付帳款增加	40
應付所得稅增加	60
營業活動之淨現金流入	$8,690

8.

艾爾文公司
現金流量表 (直接法)
×5 年度

營業活動之現金流量：		
收自顧客之現金	$980	
支付供應商與員工之現金	(924)	
支付其他費用與所得稅	(88)	$(32)
投資活動之現金流量		
購買土地		(200)
籌資活動之現金流量		
發放現金股利		(40)
本期現金及約當現金減少數		$(272)
期初現金及約當現金		292
期末現金及約當現金		$20

　　不影響現金流量之投資及籌資活動 (列於年報附註中)：

　　[$1,000 – $20 = $980；

　　$900 + $20 + $4 = $924；

　　$70 + $2 + $16 = $88]

國家圖書館出版品預行編目資料

會計學概要：習題解答/杜榮瑞, 薛富井, 蔡彥卿,
林修葳著. -- 7 版. -- 臺北市：臺灣東華書局股份
有限公司, 2022.03
184 面；19x26 公分

ISBN 978-626-7130-00-1（平裝）

1. CST: 會計學 2. CST: 問題集

495.1022　　　　　　　　　　　　　111002954

會計學概要　習題解答　第 7 版

著　　者	杜榮瑞・薛富井・蔡彥卿・林修葳
發 行 人	謝振環
出 版 者	臺灣東華書局股份有限公司
地　　址	臺北市重慶南路一段一四七號三樓
電　　話	(02) 2311-4027
傳　　真	(02) 2311-6615
劃撥帳號	00064813
網　　址	www.tunghua.com.tw
讀者服務	service@tunghua.com.tw

2028 27 26 25 24　BH　9 8 7 5 4 3 2

ISBN　978-626-7130-00-1

版權所有・翻印必究